西安石油大学优秀学术著作出版基金
西安石油大学油气资源经济与管理研究中心　资助出版

低碳经济下
农村生活垃圾治理研究

——基于政府与农户的双重视角

马　莺　著

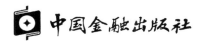

中国金融出版社

责任编辑：王雪珂
责任校对：孙　蕊
责任印制：陈晓川

图书在版编目（CIP）数据

低碳经济下农村生活垃圾治理研究：基于政府与农户的双重视角/
马莺著. —北京：中国金融出版社，2024.1
ISBN 978 - 7 - 5220 - 2112 - 6

Ⅰ.①低…　Ⅱ.①马…　Ⅲ.①农村—生活废物—垃圾处理
Ⅳ.①X799.305

中国国家版本馆 CIP 数据核字（2023）第 130697 号

低碳经济下农村生活垃圾治理研究——基于政府与农户的双重视角
DITAN JINGJI XIA NONGCUN SHENGHUO LAJI ZHILI YANJIU：JIYU ZHENGFU
YU NONGHU DE SHUANGCHONG SHIJIAO

出版
发行 **中国金融出版社**

社址　北京市丰台区益泽路 2 号
市场开发部　（010）66024766，63805472，63439533（传真）
网 上 书 店　www. cfph. cn
　　　　　　　（010）66024766，63372837（传真）
读者服务部　（010）66070833，62568380
邮编　100071
经销　新华书店
印刷　北京九州迅驰传媒文化有限公司
尺寸　169 毫米 × 239 毫米
印张　12.75
字数　188 千
版次　2024 年 1 月第 1 版
印次　2024 年 1 月第 1 次印刷
定价　49.00 元
ISBN 978 - 7 - 5220 - 2112 - 6
如出现印装错误本社负责调换　联系电话（010）63263947

前　　言

　　生活垃圾处理是重要的民生工程，是我国经济社会全面绿色转型中最基础性的工作和最难攻克的课题之一。"全面建设垃圾处理处置等环境基础设施"被列入我国"十四五"规划纲要，党的十八届五中全会提出创新、协调、绿色、开放和共享发展理念。绿色发展注重的是解决好人与自然和谐问题。国家在《国务院关于加快建立健全绿色低碳循环发展经济体系的指导意见》的流通体系、消费体系、基础设施、政策体系部分都对生活垃圾处理作出了明确规定。《2030年前碳达峰行动方案》指出"大力推进生活垃圾减量化资源化"，党的二十大报告进一步强调"加快构建废弃物循环利用体系"，所以，从绿色低碳循环的角度来看，垃圾分类治理是解决废弃物循环利用的根本途径。

　　目前，农村地区的垃圾分类治理水平与绿色低碳循环目标还有较大差距，垃圾分类治理仍然是农村地区全面发展的突出短板。究其原因，一方面，垃圾治理作为典型的公共物品治理，非竞争性和非排他性导致垃圾治理过程中的"搭便车"现象频发，政府通过规范化的税收收入提供公共物品工具和服务，通过建立规范的制度约束个体的垃圾治理行为。但城乡二元结构不仅导致了农村垃圾治理基础设施薄弱，垃圾治理能力未得到有效提升，反而加剧了城乡垃圾治理水平的差距。另一方面，目前农村的经济发展水平正处于早期阶段，依据环境库兹涅茨的研究结论，农户在追逐收入提升的过程中，放弃了环境治理的诉求，由此伴随而来的是环境不断恶化。新制度经济学认为，制度是为了约束人们之间的互动，在各方博弈结果下设计的一个社会规则。农户的垃圾治理行为是个人效用最大化后的理性选择，而政府将外部性的社会成本或收益内化到个人的边际成本（效益）之上，能够从根本上解决公共物品的外部性问题，实现效用的最大化，形成有效集体行动，最终实现垃圾治理目标。

基于以上分析，本书依据计划行为、价值信仰、效用、动机等理论构建了政府因素的政府支持、个体因素的感知价值与农户垃圾分类治理行为的研究框架；以 2017 年住建部公布的陕西省第一批农村生活垃圾分类和资源化利用示范地区为研究对象，课题组展开实地调研，共获取了 672 份农户调研数据；测度了感知价值、政府支持水平，分析了陕西农户垃圾治理现状，并进行了区域差异性比较分析；采用有序 Logistics 模型、二值 Probit 模型，检验了政府支持、感知价值对农户垃圾治理意愿、支付意愿以及模式选择意愿的影响，进一步检验了政府支持、感知价值交互项对三个垃圾治理意向的差异化影响路径；采用 Probit、IV-probit 以及分群回归等方法，实证检验了感知价值、政府支持以及其交互项对农户参与垃圾治理行为决策的影响路径，并基于收入高低与是否试点，进一步探索了感知价值、政府支持的分维度对垃圾治理行为决策的差异化影响路径；采用 PSM 模型检验了垃圾分类对垃圾治理主观福利以及客观福利的影响效应，利用中介效应模型考察了垃圾分类在感知价值、政府支持影响垃圾治理福利中的部分中介作用，并通过 Bootstrap 比较分析了其效应值的大小。据此，本书从政府支持的工具支持、激励支持、信息支持的视角提出提升感知收益、降低感知成本，进而提升农户垃圾治理行为的政策路径。

本书研究主要结论：

（1）目前，试点区域采用的垃圾分类模式并未统一；总体来看，农户具有较强的分类意愿、较低的分类行为，即出现了常见的垃圾分类意愿与行为悖离的现象。在模式选择意愿上，农户更倾向于选择较简单的垃圾分类模式，农户垃圾分类行为在垃圾分类的试点区域与非试点区域存在显著差异；农户对垃圾分类的精神收益及物质收益认同度较为趋同，而物质成本及非物质成本的认同存在一定的差异。感知价值总维度及分维度在试点与非试点区域存在显著差异；政府支持水平在试点区域与非试点区域存在显著的差异，同时三个试点县也存在显著差异。

（2）政府支持与感知价值显著影响农户的垃圾治理行为意向。感知精神收益为农户垃圾分类意愿的促进因素，感知非物质成本、物质成本是农户垃圾分类意愿的抑制因素，政府支持中的信息支持显著正向影响垃圾分类意愿，激励支持显著负向影响垃圾分类意愿；感知价值的感知精神收益、感知物质收益正向影响农户垃圾分类支付意愿，非物质成本、物质成本负向影响垃圾分类支付意愿，工具支持对农户垃圾分类支付意愿产生了促进作用，而激励支持对农户垃圾分类支付意愿产生了抑制作用；感知精神收益的提升有利于农户选择更细致的分类模式，而感知成本的提升则会导致农户选择简单的分类模式，工具支持提升有利于农户选择更精细的分类模式，而激励支持导致农户倾向于选择简单的分类模式。

（3）政府支持在感知价值影响农户垃圾治理意向的关系中存在正向调节作用。信息支持对精神收益影响垃圾分类意愿的关系具有正向调节作用，激励支持对非物质成本、物质成本影响农户垃圾分类意愿关系的调节作用显著，工具支持对非物质成本影响农户垃圾分类意愿的关系存在显著调节作用；激励支持对精神收益影响农户垃圾分类支付意愿的关系具有负向调节作用，激励支持增强了非物质成本负向影响农户垃圾分类支付意愿的关系，工具支持对物质收益影响农户垃圾分类支付意愿的关系具有正向调节作用，对非物质成本、物质成本负向影响农户垃圾分类支付意愿的关系具有抑制作用；激励支持负向调节精神收益影响农户垃圾分类模式选择的关系，激励支持加强了物质成本对农户垃圾分类模式选择意愿的负向影响，工具支持能够促进精神收益对垃圾分类模式选择的正向影响，抑制物质成本对垃圾分类模式选择的负向影响。

（4）感知价值、政府支持显著影响农户的垃圾治理的行为决策；感知价值的精神收益、非物质成本及物质成本是影响农户垃圾分类行为的价值因素，激励支持与工具支持是影响农户垃圾分类行为的政府支持因素；精神收益、物质成本是影响低收入农户垃圾分类行为的感知价值因素，而物质成本及非物质成本是影响高收入农户垃圾分类行为的感知价值因素；政府的信息支持及激励支持对高、低收入组农户的垃圾分类行为的影响路径存在显著差异；精神收益、物质收益、非物质成本与物质成本是影响试点区域农户垃圾分类行为的价值感知因素，而精神收益、物质成本为影响非试点区域农户垃圾分类行为的价值感知因素；政府支持的信息支持及工具支持对试点、非试点区域农户的垃圾分类行为的影响路径存在显著差异。

（5）感知价值高的农户，随着政府支持水平的提升，其参与垃圾分类的概率更高，信息支持对物质成本负向影响农户垃圾分类行为的关系具有抑制作用；激励支持对精神收益、物质成本影响农户垃圾分类行为的关系具有显著调节作用。工具支持对精神收益影响农户垃圾分类行为的关系具有正向调节作用。

（6）垃圾分类显著正向影响农户的福利水平，垃圾分类对农户客观福利的促进作用大于对主观福利的促进作用；分类行为在感知价值影响福利的关系中存在部分中介作用，且在感知价值影响客观福利关系中的中介效应大于主观福利中的中介效应；分类行为在政府支持影响福利的关系中存在部分中介作用，且在政府支持影响客观福利关系中的中介效应大于主观福利中的中介效应。

基于主要实证研究结论，本书从政府视角的工具支持、激励支持、信息支持提出了完善建议，同时基于垃圾分类试点区域的问卷调研结果，从实施差异化的垃圾分类政策、建立垃圾治理责任主体、完善监督机制三个方面提出了完善建议。

目　　录

1 导　论

1.1　研究背景

1.1.1　农村垃圾治理问题刻不容缓

　　垃圾问题从一开始就和城市发展同行，到了工业时代，垃圾问题日趋严峻。世界银行（World Bank）的数据显示，世界正在被淹没在垃圾之中，预计 2016 年至 2050 年间，垃圾排放量会增加 70%。[①] 联合国环境署在 2012 年的废弃物管理全球伙伴关系会议上指出，垃圾问题正在逐渐演化成为一场波及全球的危机。而导致这一情况出现的主要原因是经济的快速发展、人口膨胀以及城市化。而解决这一问题的根本途径就是对废弃物进行回收和治理。根据国家统计局数据，2009—2018 年，全国生活垃圾清运量总体呈现逐年增加的态势。2021 年中国生活垃圾清运量达 26707.5 万吨，较 2020 年增加了 3195.80 万吨，同比增长 13.59%。[②] 目前全国约 2/3 的城市处于垃圾包围之中，其中 1/4 已无填埋堆放场地。全国城市垃圾堆存累计侵占土地超过 5 亿平方米，每年经济损失高达 300 亿元。与此同时，中国城市的生活垃圾产量还在不断增长，预计到 2030 年，中国城镇化率将达到 70%。按照 2030 年城镇化率达到 70%、城镇人均 1.18 千克/天的垃圾产生量计算，中国的城镇垃圾量将达到 4.21 亿吨/年。[③] 同时，快速增长的城市垃圾与垃圾清运能力增速

---

　　① 资料来源：https：//www.sohu.com/搜狐新闻。
　　② 资料来源：https：//www.chyxx.com/industry/1122906.html?_t=950317b1567945281 产业信息网。
　　③ 同②。

严重不足之间的矛盾，导致环境污染等已经成为刻不容缓需要解决的问题。

　　传统的农村生活、生产方式能够自我消化绝大部分的生活垃圾（程志华，2019），21 世纪以来，随着社会经济的发展，农户的生活方式与消费模式开始逐渐发生变化，农村的环境问题日渐凸显（黄森慰等，2017；杜欢政和宁自军，2020）。据最新的环境公报统计，水稻、玉米和小麦三大粮食作物的化肥利用率为 37.8%，比 2015 年上升 2.6 个百分点；农药利用率为 38.8%，比 2015 年上升 2.2 个百分点。[①] 农村面临的废弃物污染等问题日趋严重。垃圾围村、地下水、空气污染等问题越发严重，土壤退化、毒化导致农产品质量下降，病虫灾害频发。与生产垃圾相比，农村生活垃圾处理不当造成的污染已成为农村亟待解决的环境污染问题。经济的快速发展带动了农村地区生活水平持续攀升，导致农村生活垃圾成分日趋复杂，且与城市接近。农村生活垃圾数量快速增长的同时，与之相伴的复杂成分导致的危害性也在不断加大。在垃圾成分中，塑料袋、橡胶、塑料薄膜等白色垃圾的比例逐渐上升，而这些难以降解的白色垃圾，导致农村地区的耕地土质破坏严重。此外，含有有害物质的锌、汞等废电池和废铅蓄电池等有害垃圾数量也在持续性增加，随着电脑、手机、家用电器等电子产品在农村的不断普及，这些电子废弃物也对农户及农村环境造成了直接、间接、短期或长期的危害。

　　农村垃圾污染已经成为农村生态环境恶化的主导因素，持续的垃圾污染不但影响了农村、农业的发展，破坏农村生态环境，严重地影响了农户的生产和生活，且日益成为我国城乡一体化战略实施的阻碍（杜焱强等，2016）。习近平总书记多次指出：中国要美，农村必须美，乡村要美，首先是乡村的人居环境要美。习近平总书记还指出：实现碳达峰、碳中和是一场广泛而深刻的经济社会系统性变革。全面建设垃圾处理处置等环境基础设施被列入我国"十四五"规划纲要，党的十八届五中全会提出创新、协调、绿色、开放和共享发展理念。绿色发展注重的是解决好人与自然和谐问题。国家在《国务院关于加快建立健全绿色低碳循环发展经济体系的指导意见》的"流通体

---

① 资料来源：http：//www.mee.gov.cn/公布的《2018 中国环境状况公报》。

系""消费体系""基础设施""政策体系"部分都对生活垃圾处理作出了明确规定。《2030 年前碳达峰行动方案》指出大力推进生活垃圾减量化、资源化;《减污降碳协同增效实施方案》提出优化生活垃圾处理处置方式。党的二十大报告进一步强调加快构建废弃物循环利用体系。

垃圾是放错位置的资源,庞大的生活垃圾不仅是社会的巨大负担,还是环境污染的来源,同时也是碳排放的来源之一。那么,从绿色低碳循环的角度来看,废旧产品的再利用、废弃物的再循环是符合资源节约型、环境友好型、能源低碳型生产生活方式为核心的发展理念和模式。如果采用绿色低碳循环的方式进行垃圾处理,即通过再利用、再循环提高废弃物的利用效率,不仅减少了垃圾的处理总量,甚至可以成为碳汇来源。2017 年中央一号文件《深入推进农业供给侧结构性改革 加快培育农业农村发展新动能的若干意见》明确提出,深入开展农村人居环境治理和美丽宜居乡村建设,首先应推进农村生活垃圾治理专项行动,促进垃圾分类和资源化利用。因此,垃圾分类治理不仅是环境保护的一个重要组成部分,也是实现美丽乡村愿景,实现农业经济可持续发展(魏佳容,2015;何可等,2014;刘莹和黄季焜,2013),实现资源节约型、环境友好型、能源低碳型社会的重要课题。

1.1.2 农户是垃圾治理的主体而政府是垃圾治理的推动者

城市垃圾治理一直是学者关注的焦点和热点问题,随着城市一体化战略的实施,农村垃圾治理也被纳入垃圾治理的研究主题中。近年来引起学者的广泛关注(王爱琴等,2016;李全鹏,2017;薛立强和范文宇,2017;程志华,2019;贾亚娟和赵敏娟,2020)。垃圾治理属于环境治理的一个重要的组成部分(Piyapong 和 Chaweewanm,2016),应在环境治理行为的范式下研究垃圾治理行为。从本质上说,垃圾治理也属于公共物品管理,而公共物品的供给主体主要包含政府、村集体和农户(李欢欢和顾丽梅,2020)。垃圾治理离不开政府制度的规范,以及基层县、乡政府的支持,当农户接受到来自政府的一定金额的补偿后,会激励其参与到垃圾资源化处理的行动中(何可和张俊飚,2013),同时政府部门提供的环保培训能够有效地降低农户随意排放垃圾行为发生的概率

（张旭吟，2014；蒋琳莉等，2014）。因此，政府支持作为外部驱动因素能够有效地诱导农户参与到垃圾治理中。但仅依靠政府的引导和推动，而忽略农户个体因素，难以实现预期的治理目标。农户作为农村生活垃圾治理的受益者，其对环境的行为选择直接影响乃至决定着垃圾治理的成效（OSkamp，1995；Vlek，2000；Dunlap 等，2000；李颖明等，2011；王树文等，2014；陈红等，2015；龙云和任力，2016）。目前，农村垃圾治理面临的首要问题是微观主体内生动力激发不足，且前端分类效果不显著（杜欢政和宁自军，2020）。

早期的环境治理行为影响因素研究聚焦于社会—经济因素，比如受教育年限，年龄、收入水平和婚姻状况等（Widegregen，1998；Torgler 和 Garcia，2007；李玉敏等，2011），随后，有些学者指出社会—经济因素只能部分程度上解释环境治理行为（Hopper 和 Nielsen，2008；Sauer 和 Fischer，2010），基于此观点，在过去的二十多年，学者开始将研究焦点从社会—经济因素转移到心理因素对环境治理行为的影响。经过一系列研究，学者发现态度、信任、感知价值等心理因素能更好地解释环境治理行为（Hoyos 等，2009；Spash 等，2009；Groot 和 Steg，2010；Qiao 等，2014；王锋等，2014；王建明，2013），并在此基础上形成了理性行动理论（Theory of Reasoned Action，TRA）、计划行为理论（Theory of Planned Behavior，TPB）、价值—信念—规范理论（Value – Belief – Norm，VBN）等一系列研究环境治理行为的理论。综上所述，国内外学者就垃圾治理行为影响因素中的外部驱动因素，例如政府的制度以及政府支持，取得了一定的研究成果（Shore 等，1993；杨海军，2003；姜薇薇，2014；何可等，2013；张旭吟等，2014；陈绍军，2015；何凌霄，2017）。垃圾治理的内部驱动因素即农户自身的态度、认知等心理因素层面也涌现出了丰硕的研究成果。其中，垃圾治理的感知价值近几年来受到学者的关注（徐林等，2017；盖豪等，2020）。但是，目前基于感知价值视角下的农户垃圾治理行为的研究仍然缺乏系统的理论分析和深入的实证研究，尤其鲜有研究将政府支持和农户感知价值纳入一个研究框架下探讨二者对农户垃圾治理行为的影响机制。事实上，农户才是垃圾治理的主力军，他们的价值感知决定着其垃圾治理的态度及行为，但是目前从农户的感知价值视角系统探讨农户环境治理行为的研究还相当匮乏。另外，政府支持作为影响农户垃圾治理行为的外部驱动因素，探讨其对感知价值影响农户垃圾治理的意向，垃圾治理的行为决策的影响路径，以及基于政府支持、感知价值双重视角探讨垃圾治理福利效应的影响机制能够为解决农户垃圾治理的困境提供破题思路。

2017 年，住建部在全国范围内挑选出 100 个县（市、区），开展第一批的农村生活垃圾分类和资源化利用示范工作。本书以陕西省农村生活垃圾分类和资源化利用试点区域为研究对象，从外部驱动的政府支持、内部驱动的感知价值双重视角研究农户垃圾治理行为具有重要的现实意义和理论意义。本书试图回答如何在一个完整的垃圾治理行为框架下，分别从内部驱动因素的感知价值与外部驱动因素的政府支持探讨二者对农户生活垃圾治理意向及行为决策的影响路径及程度？在多大程度上能够提升农户垃圾治理的福利效应？以及如何从农户政府支持、感知价值的双重视角下破解目前垃圾治理困境？

1.2　研究目的与意义

1.2.1　研究目的

从政府支持和农户感知价值视角出发，研究内、外因素共同驱动下的农户垃圾治理行为。考察不同维度政府支持、不同层次感知价值下农户生活垃圾治理的意向、行为决策以及垃圾治理后的福利效应，寻找农户生活垃圾治理以及环境治理积极性低下的症结，探索改进农户生活垃圾治理行为的合理路径和政策途径。具体目标规划如下：

（1）通过对政府支持、感知价值的内涵、特征理论梳理和归纳，构建政府支持、感知价值的指标体系并进行测度。进一步分析政府支持、感知价值的基本特征。

（2）理论阐释政府支持、感知价值对农户垃圾治理行为的作用机理，构建政府支持、感知价值影响垃圾治理行为的研究框架。详细阐述政府支持、感知价值分别影响农户垃圾治理行为的内在机理。在此基础上逻辑推导出政府支持对感知价值影响农户垃圾治理行为关系的调节作用，以及分类行为在政府支持、感知价值影响农户垃圾治理福利的中介作用，系统构建三者之间的内在影响机制。

（3）实证检验政府支持、感知价值对农户垃圾治理意向及行为的影响，验证政府支持对感知价值影响农户垃圾治理行为关系的调节作用；实证检验政府支持、感知价值对农户垃圾治理福利的影响，验证分类行为在政府支持、感知价值影响垃圾治理福利的中介作用，以期深入揭示政府支持、感知价值与农户垃圾治理行为的内在逻辑。

（4）结合理论分析、实证分析及国外先进的垃圾治理经验，从内在的感知价值因素、外在的政府支持因素，探索两者共同驱动下的农户垃圾治理的提升路径，以期为持续进行的农村生活垃圾分类和资源化利用示范工作提供有效的政策借鉴。

1.2.2 研究意义

1.2.2.1 理论意义

（1）农村垃圾治理活动已经在我国开展多年，但是垃圾随意丢弃、垃圾围城的现象仍然随处可见，一个不可否认的可能原因在于决策者和学术界忽视了垃圾治理主体在意愿和行为等方面的利益关切和政策诉求。因此，为调动垃圾治理主体的积极性和参与度，需要构建及不断完善垃圾治理的长效激励机制，基于政府支持和感知价值视角，识别农户垃圾治理意向、垃圾治理行为决策以及垃圾治理福利效应的影响因素，揭示政府支持与感知价值对农户垃圾治理行为的影响机理，为建立垃圾治理的长效机制提供充分的理论支撑，同时为农村环境治理提供理论借鉴。

（2）依据环境行为理论，探究政府支持、感知价值与农户垃圾治理行为三者间的关系，构建相对完善的农户垃圾治理行为的理论分析框架与实证分析体系，丰富了环境行为理论的研究。依据效用理论，理性经济人理论，从成本、收益的视角对感知价值进行测度，丰富了行为经济学的理论。

（3）运用微观农户调查数据，阐释政府支持、感知价值对农户垃圾治理行为的影响，为政府相关部门建立农户垃圾治理行为的有效激励机制提供理论参考和借鉴。

（4）依据环境福利理论，将农户参与垃圾治理的福利分为主观福利以及客观福利，丰富了农户参与垃圾治理的行为绩效研究。

1.2.2.2　实践意义

（1）通过对农户政府支持、感知价值和农户垃圾治理行为的实地调查、评估与归纳，为客观认识与把握当前我国农户生活垃圾治理现状提供了数据依据，同时为科学测度农户感知价值水平、政府支持现状、农户垃圾治理面临的现实困难以及潜在需求提供实践依据，又为制定提升农户感知价值、加强政府支持投入力度以及垃圾治理全面推广的相关政策措施提供实践支撑。

（2）通过对政府支持与感知价值影响农户垃圾治理行为的机理分析与实证检验，探索绿色发展、和谐共生下农户更好参与垃圾治理乃至环境治理的可行路径，为全面推进农村地区生活垃圾分类和资源化处理，实现资源节约型、环境友好型、能源低碳型社会提供切实可行的政策实践。

（3）通过对垃圾治理后农户生活幸福感的提升的主观福利以及垃圾分类对其他亲环境行为影响的客观福利理论分析及实证检验，为因地制宜开展环境综合整治，为子孙后代打造风景如画的生态城市、山清水秀的美丽乡村，实现乡村全面振兴，农业强、农村美提供实践支撑与有益启示。

1.3　国内外研究综述

1.3.1　农户垃圾治理行为的内涵及影响因素研究

1.3.1.1　农户垃圾治理行为的内涵

（1）环境行为的研究历程。

垃圾治理行为属于典型的环境治理行为，环境行为学的研究起源于20世纪70年代，Craik（1973）指出，环境行为是研究人类行为和环境的互动，其不仅涉及心理学领域还涉及环境领域。早期的环境治理行为研究以理性行为模型及计划行为理论等解释人类环境行为。经过学者的不断修正，至今仍被学者们使用。随后，环境行为理论逐步加入环境经济学的模型，将纯粹的心理学研究模式改成环境心理学与环境经济学的融合，如价值信仰理论（Kiat-kawsin 和 Han，2015；Kurosh 等，2020）、目标框架理论等（Lindenberg 和 Steg，2007）。环境保护行为由生态保护行为和垃圾治理行为两个部分组成（Piyapong 和 Chaweewan，2016）。21 世纪以来，随着研究的不断深入，环境行为的研究开始细化，并聚焦于亲环境行为的多维测度（Steg 和 Vlek，2009）、影响因素研究（Bronfman 等，2015；Saphores 等，2012）、亲环境行为的溢出效应和挤出效应等（Xu 等，2018），同时，将经济学理论的有限理性等观点逐步引入环境行为的研究中，且研究主要以实证研究为主。

（2）垃圾治理的内涵。

"治理"在《新华字典》中被解释为通知、管理或修正的意思。在政治经济学中，"治理"是指政府运用国家权力来管理国家和人民，因此，"治理"具有国家中心倾向。农村垃圾治理属于农村社会治理的一部分，也是一项重要的社会公共管理事务，其包括对政府治理能力的需求。张莉萍指出，城市垃圾治理在我国语境下强调城市垃圾治理方式的改变，即强化政府治理，同时通过聚合与城市垃圾相关的个人、群体和组织，共同参与，逐步走向合作治理（张莉萍，2020）。本书中垃圾治理行为强调公众参与治理的过程中表现出的行为特征。

1.3.1.2 农户垃圾治理行为的主要影响因素

（1）人口统计特征对垃圾治理行为的影响。

垃圾治理意愿会影响垃圾治理行为，垃圾治理意愿首先受到农户个人特征的影响，性别、年龄、健康状况、受教育程度、家庭收入是影响垃圾治理意愿的典型因素（许增巍等，2016；Ke He 等，2016）。王金霞等（2011）在研究农村生活固体垃圾处理的影响因素时发现，农户的人均纯收入每增加1%，提供垃圾处理服务的可能性就会显著提高1.74%。陈绍军（2015）在研究城市居民生活垃圾分类意愿时发现，居民年龄越大，接受环保知识的主动性越强，越能付出一定的努力参与垃圾分类，尤其是老年人，空闲时间多、

节俭意识强，分类的意愿和行为较高（Yuan 和 Yabe，2014）。何可等
（2013）在研究废弃物资源化的补偿意愿时发现，影响农户对农业废弃物资源
化生态补偿支付意愿的因素具有异质性：男性更加注重农业废弃物资源化对
人体健康的影响；对于农业收入所占比"一般"的农户，文化程度是影响其
支付意愿的关键因素，但这种影响受环境知识水平限制；对环境状况评价
"较好"的农户更为重视对现有环境的维护。蒋磊（2014）研究兼业视角的
农业废弃物资源循环利用意愿时发现，纯农户和兼农户的利用意愿相当，且
高出"二兼"农户。颜廷武等（2016）研究废弃物资源化的福利响应时发
现，性别、受教育程度、家庭收入等都是影响福利响应程度的因素。郑淋议
在研究农户生活垃圾治理的影响因素时发现农户的文化程度、家庭可支配收
入是影响其支付意愿的主要人口统计学因素（郑淋议等，2019）。

（2）基于计划行为理论和价值信仰理论的心理学因素。

学者在研究影响环境行为的影响因素时，主要以 Ajzen（1991）的计划行
为理论（TPB）、Stern（2002）的价值—信念—规范理论（VBN）以及 Ostrom
（1990）的集体行动理论为代表。随后有学者将 TPB 理论以及 VBN 理论融合
来分析环境行为（Johansson 等，2013；Iosif 等，2015；Kiattipoom 和 Heesup，
2015）。Ajzen 在 1991 年提出了计划行为理论。计划行为理论是 Ajzen 在 1975
年提出的理性行为理论上的扩充，理性行为理论认为个体行为的决策受其行
为意向的影响，而行为意向又受个人态度的影响，这种态度既可能是正面的，
也可能是负面的。而计划行为理论在原有的心理因素态度的基础上，加入了
感知行为控制这一变量，计划行为理论常常被用于解释人们的环境保护行为
及保护意愿。计划行为理论认为个体产生的环境友好的行为意图与感知环境
行为控制是直接影响环境保护行为的因素（Astrid 等，2015），感知行为控制
既可以直接影响个体的环境保护行为，也可以通过间接影响行为意图的方式，
最终影响个体的环境保护行为（Ava 等，2018）。基于此，计划行为理论认为
态度、主观规范等心理因素是通过影响个体的行为意图，最终影响到个体的
行为。因此，个人对于采取某项特定行为所抱持的"态度"，影响个人采取某
项特定行为的"主观规范"，以及个体拥有的"知觉行为控制"，三个方面共

同决定了其环境行为。

众多研究环境心理学和环境行为学的学者运用 TPB 理论解释了人们可能的环境行为（Corral – Verdugo 和 Armendariz，2000；Heath 和 Gifford，2006；Warner 和 Aberg，2006；Carmi 等，2015；王瑞梅等，2015；Jakob 等，2015）。也有些学者认为用 TPB 理论去解释环境行为时并未考虑道德判断（Kaiser 等，2005），因此，为了更全面地理解环境行为，Stern（2000）在 TPB 理论中加入了价值、信任、规范三个因素，扩展的 TPB 理论考虑了个人的道德规范以及感知环境价值对环境治理行为的影响。在扩展的 TPB 模型中，个人的价值取向会直接影响信念，信念会影响态度和行为，将价值取向进一步划分，可以分为生物价值、社会价值、利他价值、自我为中心的价值等，而这些价值会影响到人们对自然，以及人们与环境之间关系的总体信念，这些总体信念可以深化成为人们对环境行为结果的一种意识，而这种意识表现为一种信念，即人类的行为会缓解环境问题，最后这种信念会转为一种环境道德义务，或者形成个人行为规范（Natalia 和 Mercedes，2012）。加入价值、信任、规范的 TPB 理论引起了学者的广泛关注，并用其去解释一系列的环境行为，例如能源节约行为（Bronfman 等，2015；Testa 等，2016；Kurosh 等，2020）、绿色消费行为（Janice 等，2016）、环境保护行为（Susanne，2010）、环境政策支持（Steg 和 Vlek，2009）、自然资源保护行为（David 等，2009）等，其中运用最广泛的是垃圾治理领域。

（3）社会资本因素。

社会资本对垃圾治理行为的影响：除了个人特征，国内外已有不少学者探讨了社会资本对环境行为的促进作用（刘晓峰，2013；祁毓等，2015），Anderson 和 Schirmer（2015）分析发现，社会资本与社会网络有益于公众参与低碳设施建设的意愿。颜廷武（2016）应用 Tobit 模型系统分析了信任、互惠规范、公民参与网络对农户垃圾资源化处理意愿的影响，研究结果表明，社会资本变量中对农户环保投资意愿的贡献度大小排序依次是制度信任、公民参与网络、人际信任、互惠规范。何可（2015）在研究废弃物资源化处理意愿时发现，人际信任、制度信任在农户垃圾资源化处理意愿中发挥着显著的作用。祁毓等（2015）利用宏观数据研究发现，社会资本对环境治理的影响受制于政府和市场两种力量，政府质量越高，社会资本的环境治理效应越大；市场化程度越高，社会资本的环境治理效应也越大。也有不少学者验证了社会资本与环境治理绩效之间的关系，经研究发现，组织层面的社会资本和社会能力与环境治理绩效呈显著的正相关关系，社会分歧与环境治理绩效呈显著的负相关关系，而个体层面的社会资本并未对环境治理绩效产生较大影响（Pretty，2001；刘晓峰，2011）。

社会资本也会影响垃圾分类行为（韩洪云等，2016），研究发现以社会网络、社会规范和社会信任为要素的社会资本，对提高居民生活垃圾分类水平有显著的正向影响。具体而言，社会网络能够降低居民机会主义和"搭便车"的行为倾向（沈费伟和刘祖云，2016）。社会规范能够提高居民行为的可预测性，增强居民投资环境保护集体行动的信心，而基于个体的社会资本以及基于村域的社会资本均影响农户的个体行为。杨金龙（2013）研究农村生活垃圾治理影响因素时发现，村域社会资本通过直接以及间接的方式对村庄生活垃圾治理产生影响。通过社会资本发展促进公众的自主环境保护合作行为，可以从源头上化解我国生态环境管理面临的"垃圾围城"困境。张志坚（2019）在研究社会资本对生活垃圾减量的影响及其作用机制时发现，社会资本通过促进居民垃圾分类投放和垃圾源头减量行为从而降低生活垃圾排放。

1.3.2 政府支持内涵及其对农户垃圾治理行为的影响研究

1.3.2.1 政府支持的概念及维度

政府、村集体和农户是农村环境治理的利益相关主体（沈费伟和刘祖云，2016）。从诱导农户参与环境治理的角度看，政府支持是指政府通过政策、财政、项目等各种方式支持农村环境治理的公共产品供给，从而诱导农户对农村环境治理进行筹资或投劳，以达到提高农村环境治理、公共产品供给水平和供给效率的目标（崔宝玉，2009）。

从支持的形式看，政府支持包括政策支持、财政支持、项目支持、技术支持和组织管理支持等（裴厦等，2011；刘西川等，2015；淦未宇等，2015；

张建等，2017）；从支持的特征看，政府支持可分为隐性支持和显性支持
（Geneviève 和 Denis，2015；Eisenberger 等，1986；Eisenberger 等，1997）；从
支持的方式看，政府支持可分为间接支持和直接支持（蔡卫星和高明华，
2013）。间接支持是指政府以基层政府或村委会为"媒介"，来实施对农户的
支持。行政村是政府行政的最直接执行者和实施者，行政村为完成上级任务，
会借助上级行政力量和自身的权威强制推动政策执行，农户成为政府行政命
令的最终作用对象（Widegren，1998；张建等，2017）。直接支持指直接以农
户作为支持对象，提供各类环境治理的、农业废弃物资源化的专项补贴。也
有学者从知识、关系、物资、制度等方面来衡量政府支持的维度（林星和吴
春梅，2018）；李曼从政府推广方式的角度来测度政府支持（李曼等，2017）；
Ankinée 等学者认为，政府支持包括提供适当的基础设施，使用激励手段（税
收，补贴和质押金退还系统）以及基于信息支持的手段（Ankinée 等，2017；
于克信，2019）；盖豪（2020）则从政策宣传、项目支持和惩罚措施三个方面
测度政府支持。

1.3.2.2 政府支持对垃圾治理行为的影响

政府支持的方式可以是通过提供情感上的支持对农户垃圾治理行为给予
支持（李建琴，2006；Newman 等，2012）。从农村社区角度来看，当农户对
制度感到较强的信任时，农户就会感到与组织之间产生积极的情感纽带，即
产生较高的情感承诺（Armeli 等，1998；刘强和马光选，2017）。政策的信任
以及项目的信任是重要的行为约束因素，具有较高制度信任的农户对组织具
有较高的归属感和组织认同感，基于互惠原则会产生关心组织利益的义务感
（Shore 等，1993；杨辉和梁云芳，2006；宝贡敏和刘袅，2011），该义务感的
产生往往促使农户产生积极的态度和行为。陈绍军（2015）在研究城市居民
垃圾分类行为时发现情景因素，即垃圾分类试点、垃圾收集设施以及垃圾分
类的推广介绍会影响居民的垃圾分类行为。政府提供的情感上的支持还可以
表现为设立有效的激励制度。奥尔森认为，通过选择性激励可以实现为集体
利益作出贡献以及未作出贡献人的差别对待，而这种选择性激励，既可以是
积极的，也可以是消极的，即对未承担行动成本的人进行惩罚或者给予为集

体利益付出的人奖励均可以实现激励的目的（奥尔森，2014）。不同的激励方式会产生不同的激励效果（Brekke 等，2003），钱坤认为单一的正向激励机制作用范围有限，难以完全解决个体垃圾分类的自觉意识不强等内生困境（钱坤，2019）。也有学者指出，与不惩罚相比，政府采取惩罚措施可使农户参与垃圾治理的概率相应提升（盖豪，2020）。尚虎平等（2020）研究发现，小区的监督管理对实现垃圾分类至关重要。

除了情感的激励支持外，政府支持还包括直接给参与垃圾治理的农户提供资金的支持、技术支持和设备支持等工具支持（McMillin，1997）。研究表明，政府给农户提供垃圾治理工作的物质支持、人员支持和咨询支持等均有助于提升农户的环境行为（Aryee 和 Chay，2001；刘莹和王凤，2014）。当基层政府通过提供环境治理的物质或技术支持帮助农户完成或达成某个目标时，会增强农户对组织的认可程度，感知组织对目标执行的重视程度，从而提升农户对目标的重视（Wayne 和 Liden，1997；Stamper 和 Dyne，2001；叶岚和陈奇星，2017）。当政府提供垃圾分类的相关设施及服务，具体包括分类垃圾桶、集中回收点、分类垃圾回收装置、垃圾处理的专项资金以及回收服务等，则农户可能产生与组织较为强烈的交换意识，在垃圾治理中愿意投入必要的劳力和物力，或主动提供支持帮助，与其他农户一起参与到村里的垃圾分类行动中（徐林等，2017；李鹏等，2014）。当个体认为缺乏相关基础设施时，人们的垃圾分类行为会减弱。如果政府提供一些便利的分类容器，农村居民将增加固体垃圾的回收数量（Knussen 等，2004）。何可（2013）研究发现，将近80%的受访农户表示当接受一定金额的补偿会激励其参与废弃物资源化处理。张旭吟（2014）研究农户固体废弃物随意排放行为时发现，政府部门提供的环保培训能够有效地降低农户随意排放行为发生的概率。政府提供的垃圾分类专项资金、回收的服务水平也是影响垃圾分类的重要因素。地方政府提供的基础设施、资金以及服务有助于改善垃圾分类的绩效，提高个人的垃圾分类频率。（Yukalang 等，2018）。

信息支持是指由当地政府或相关机构提供的培训及推广活动。推广的内容包括垃圾治理的重要性、垃圾治理的益处以及不进行治理的危害、垃圾治理的方法等（Iyer 和 Kashyap，2007）。盖豪等（2020）研究农户秸秆机械化持续还田这一废弃物处理行为时发现，政府提供的政策宣传对农户的秸秆机械化持续还田行为有显著的正向影响。有研究表明，如果个体不清楚有关垃圾分类的相关信息，比如分类的地点、分类的方式、分类的细则等，那么他们将不会遵循分类政策，从而降低了他们参与垃圾分类的热情（Iyer 和 Kashyap，2007）。反之，积极参与当地政府垃圾推广服务的农户，其获取垃圾治理，环境保护的知识越多，则参与垃圾治理等相关环境保护活动的积极性越高（Wang 等，2019）。

1.3.3 感知价值内涵及其对农户垃圾治理行为的影响研究

1.3.3.1 感知价值的概念

感知价值思想最早可追溯至 1954 年，而到 1998 年瑟摩尔（Zeithaml）首先提出了感知价值理论。感知价值的概念定义不是一件容易的事情，目前为止没有形成一个完全统一的定义。而在大量的研究中，目前形成了两大主流的观点，一个观点是从经济的维度划分感知价值（Zeithaml，1998），另一个观点是强调从心理学的维度去定义感知价值（Wood 和 Scheer，1996）。价值是对商品的质量以及各种内外属性一个正向评价，而价值也会负向地影响功能成本，这种成本可以是货币的或者非货币的，比如心理上的、知觉上的，时间或者精力的消耗。通过这一逻辑，感知价值来自主观的收益和放弃的损失，包括货币和心理上的利得或损失（Pieters，1987；Zeithaml，1998；孙洁等，2014；Janine 等，2016）。

感知价值被认为是 21 世纪的重要课题（Schwepker 和 Cornwell，1991）。感知价值概念最早被用于产品营销领域，随后感知价值逐步与不同的学科结合，通过感知价值研究揭示感知价值对个体行为的影响机理，比如感知价值与经济学结合，感知价值与金融学结合等。感知价值的定义依赖于具体的情境，且是多维的。首先，感知价值是一种总体评价，是消费者对某种商品或者服务付出与获取而形成效用的总体评价（董大海和杨毅，2008）。其次，感知价值是一种权衡，即感知价值是个体为获取某种商品或者服务的感知利益与付出之间的主观权衡和比较。最后，感知价值是一种主观感受，是在一定情境中的，个体对某种商品或者服务的主观偏好，而非客观现实（Flint 等，2002；Ravald 和 Gronroos，1996）。因此，感知价值随着个体特征而不同。同一产品服务或行为随着个体间的认知和理解差异，导致其最终的感知价值产生差异。近年来，感知价值理论受到国内外学者的广泛关注。郑称德等（2012）在研究感知价值对互联网移动支付的影响时，将感知价值定义为用户比较使用移动购物的收益与相应需要付出的成本后的效用；刘庆强等（2013）在研究农户新民居感知价值时，将农户感知价值界定为农户根据自身经验，基于感知利得与感知利失对新民居及其服务效用做出总体评价。张瑞金等（2013）基于感知价值权衡模型，将感知价值定义为顾客感知的长期、短期的效益与成本。何可和张俊飚（2014）将农户对资源性农业废弃物循环利用的感知价值定义为农户对资源性农业废弃物循环利用的综合感受，即农户认为参与资源性农业废弃物循环利用到底"划算不划算"，资源性农业废弃物循环利用政策的实施到底"合理不合理"的主观感受。徐林等（2017）在研究城市居民垃圾分类行为时，将感知价值定义为居民就其所感知的个体利益、社会利益、道德性等方面权衡后对特定行为效用的总体评价。盖豪等（2020）在研究农户秸秆还田行为时，将感知价值定义为农户基于自身对机械化秸秆还田"得与失"的理性判断。

1.3.3.2　感知价值的测度

感知价值的测度随着其在各个领域及学科的应用，其测度方式从方方面面被讨论，有学者从感知价值总指标进行测度，也有学者从不同视角，多个维度探讨感知价值的组成。感知价值的构成维度是指影响个人对企业及其产品价值感知和评价的构成要素（董海峰和王浩，2013）。Sheth（1991）认为，影响消费者进行行为决策的感知价值因素有五个，分别为功能价值、社会价值、情感价值、认知价值和条件价值。其中，功能价值是指从商品的功能性、实用性或自身表现能力中获得的感知效用。社会价值指通过与积极或消极的刻板印象的人口、社会经济和文化族群的联系的感知效用。情感价值是指从选择的能力中获得的引起感情或情感状态的感知效用。认知价值是指由好奇心、新颖性和创造性的项目来获得感知效用。条件价值是由于决策者所面临的特定情况或一系列情况而获得的感知效用，条件价值是根据选择或者或有事项来决定的。随后学者在 Sheth 的研究基础上，结合不同的研究领域扩充了感知价值的指标测度体系。

感知价值的测度模型有构成模型和反应模型，构成模型认为感知的分维度指标，如功能价值、社会价值是构成感知价值的原因。而反应模型则认为功能价值、社会价值等因子是感知价值的影响结果（刘刚和拱晓波，2007）。在感知价值维度构成的研究模型中，最为典型的是权衡模型与层次模型。权衡模型聚焦个体对某个产品或者服务感知利得与感知付出之间的权衡。其中，感知利得指个体所获得的所有利益感知，该收益既可以是货币化的，也可以是非货币化的（Jagdish 等，1991；Ravald 和 Gronroos，1996）。感知利失是指个体对所支付成本的感知，该成本可以是时间上的、体力上的，或者是物质上的，还可以是一种风险（Kim 和 Morris，1997；Scheer 和 Wood，1996）。层次模型认为感知价值源于三个认知层次的感知信息的处理，即个体首先从具体属性和效能中形成初步认知，然后通过目标与意图，确定感知期望，形成效益的评价，最后通过初步认知与效益之间的比较分析，形成最终的感知价值（Young 等，1991；Woodruff，1997）。

目前感知价值的测度有单一总维度，两维度及多维度的测度方法。单一维度是将感知价值作为一个总指标，去测度感知价值对其他行为的影响。徐林在研究影响城市居民垃圾分类的影响因素时，使用因子分析法从道德价值、社会利益等 7 个因子构建了感知价值的总指标（徐林等，2017）。两维度，即基于权衡模型的视角，从获得的利益和付出的代价两个角度去测度感知价值，利得可能源自产品或服务质量、情感满足等非物质化的利得，可以是货币收益等可物质化的利得（Yong 等，1991；Thae，2007；Sweeney 等，1998）。付出的代价既可能是货币损失，也可能是选择风险（Hayley，1961；Holbrook 和 Hirschman，1982；Zeithaml，1988）。张瑞金等（2013）基于感知价值权衡模型，从质量价值、服务价值、情感价值、自我实现价值、安全价值、货币成本、非货币成本七个方面测度了用户对移动数据业务的感知价值。李文兵和张宏梅（2011）从感知利得和利失的基础上对旅游情境的感知价值进行了测度，具体将感知价值分为社会价值、情感价值、认知价值、功能价值，而功能价值中又细分为成本感知、接待服务感知以及旅游资源本体感知。

多维度的测度方法将感知价值视为一个多元维度的概念。虽然已经有大量研究对感知价值的内涵进行界定，但是仍然需要进一步对价值的维度进行深入研究，如价格、风险感知等。刘刚和拱晓波（2007）用构成型模型对感知价值指标进行了测度，从功能性价值、体验性价值、象征性价值、成本/付出、体验性价值 5 个维度构建了感知价值评价指标体系。刘庆强等（2013）在研究农户新民居感知价值时，将农户的新民居感知价值解构为感知功能价值、情感价值、社会价值和感知牺牲 4 个维度。何可和张俊飚（2014）在研究资源性农业废弃物循环利用的感知价值时，从社会价值感知、环境价值感知、经济价值感知 3 个维度测度了感知价值。窦璐（2016）在测度旅游者感知价值时，将感知价值维度分为旅游资源质量、服务质量、活动体验、满意度等 7 个指标。崔登峰和黎淑美（2018）从功能价值、情感价值、社会价值和区域价值 4 个维度构建了特色农产品的顾客感知价值指标。盖豪等（2020）从感知经济价值、感知技术适用性、感知成本投入等 5 个维度测度了农户秸秆机械化持续还田的感知价值。

1.3.3.3　感知价值对行为的影响

感知价值是基于个体的角度，探讨个人对于收到的商品或服务，甚至是某个行为的价值判断，感知价值的理解可以用来解释价格的脆弱性，感知质量以及满意度等（Dodds 和 Monroe，1985；Woodruff 等，1993；Mostafa 等，2016），除此以外，感知价值的研究能够帮助了解个体的购买行为，这种行为包括购买前的意愿和持续购买意愿（Zeithaml，1988；Prasenjit 等，2016）。同时还有学者基于感知价值理论，运用结构方程模型，研究农户对政策性生猪保险的支付意愿及其影响因素，将感知价值理论扩展到农户行为研究中（刘胜林等，2015）。刘庆强等将感知价值与农村新民居满意度结合起来，通过农户特征的调节作用，探讨感知价值对农村新民居满意度的影响机理（刘庆强等，2013）。总体来看，感知价值从两方面影响个体行为，首先，感知价值是被认为与个体愿意支付的价格高度相关的影响因素。其次，从心理学的角度讲，感知价值与认知和感知相关，而这种相关性影响了个体是否购买的行为，因此，将感知价值用来评估或预测个体对于某种商品的支付，特别是绿色产品的支付意愿是十分必要的。

近年来，一些研究逐步开始关注于感知价值对环境可持续发展的影响（Palatnik 等，2005；Kiattipoom 和 Heesup，2015；Nora 和 Heikki，2017）。随着感知价值理论研究的不断深化，学者将感知价值的研究拓展到感知价值对废弃物处理行为的影响，感知价值对资源化处理行为的影响，感知价值对垃圾分类行为的影响，感知价值对保险的影响，感知价值对新民居的影响等（韦佳培等，2011；何可和张俊飚，2014；王晓楠，2019；盖豪，2020）。韦佳培等（2011）将感知价值的研究引入食用菌栽培废料的处理行为，研究发现，农民对食用菌栽培废料的价值感知有助于改善其对食用菌栽培废料的处理行为。何可（2014）在研究资源性农业废弃物循环利用行为时发现，当农民进行农业废弃物循环时，存在个体的价值排序，其中环境价值排列第一，其次为社会价值，最后为经济价值。韩成英（2016）从感知收益及感知风险的角度研究了农户感知价值对农业废弃物资源化行为的影响。王晓楠（2019）通过"知"与"行"差距的理论讨论，验证了环境价值对城市居民垃圾分类行为的影响机理。盖豪等（2020）研究发现，农户积极的感知价值可以有效地促进农户秸秆机械化持续还田，具体地，感知技术适用、感知成本投入会显著影响农户秸秆机械化持续还田行为。

1.3.4 政府支持及感知价值对农户垃圾治理行为的影响研究

经文献梳理后发现，已有文献多单独关注感知价值对农户垃圾治理行为的影响，或单独考察政府规制对农户垃圾治理行为的影响，鲜有将感知价值、政府规制和农户垃圾治理行为置于同一框架下的研究。已有研究表明，外部政府支持因素对个人的心理因素具调节作用（马蓝和安立仁，2016），即个体的心理感知因素可能受外部的政府支持等情境因素的影响。具体来看，个体对行为结果的判断不仅受感知的影响，还受政府支持等外部因素的影响。基于感知价值—行为理论框架，崔登峰和黎淑美（2018）研究绿色农产品的感知价值时发现，外部的政府支持对个体的感知价值与行为之间存在一定的调节关系。盖豪（2020）研究发现，政府规制对感知价值影响农户秸秆机械化持续还田行为的关系存在调节作用。其中，政策宣传与农户的感知社会价值交互项对农户秸秆机械化持续还田行为有显著的正向影响，感知成本投入与项目示范的交互项对农户秸秆机械化持续还田行为有显著的负向影响。王学婷等（2019）研究农村居民生活垃圾合作治理参与行为时发现，环保政策宣传和环境处罚制度在农村居民自身环保意识对其生活垃圾合作治理参与行为的影响中发挥正向调节作用。

1.3.5　文献评述

从已有文献回顾来看，国外学者对垃圾治理的行为研究较早，形成了规范的理论基础和概念模型，且运用了大量的实证方法检验垃圾治理的影响因素。国外从 20 世纪 70 年代就开始研究垃圾治理行为，在理论方面形成了丰硕的成果，形成了一些经典的模型，且一直沿用至今，如计划行为理论、价值信仰理论、新制度（IAD）理论等。同时，随着研究的不断深入，垃圾治理的研究从社会心理学发展到环境经济学领域。国内垃圾治理研究起步较晚，且文献数量与国外丰硕的成果相比较少。但是，中国学者在国外研究的基础上，融入了中国的社会情景，依然取得了一定的成果。国内学者从个人特征、个人心理因素、社会资本、社区服务等方面检验了垃圾治理的影响因素，随着垃圾治理政策在农村的实施，越来越多的中国学者开始关注农户垃圾处理行为的动因分析，在理论和实践方面取得了一定的研究成果，但是以下四方面还有待深化：

（1）从研究方法看，国内关于垃圾治理行为的研究早期以规范性研究为主，包括对垃圾治理意愿、支付意愿、治理行为等研究，规范研究主要基于政策实施视角进行分析，随着计划行为理论等行为经济学研究的普及，学者们开始聚焦垃圾治理行为的影响因素研究，实证研究聚焦了废弃物处理行为，资源化垃圾处理行为，垃圾分类行为影响因素研究，鲜有以垃圾分类试点区域为研究对象，从垃圾分类意向、行为决策，以及福利效应系统探讨垃圾治理行为的影响因素。

（2）已有文献已经证实政府提供的培训、补贴、对制度的信任等会显著影响农户参与垃圾治理的意愿和行为，但较少系统地从信息支持、工具支持、激励支持角度研究政府支持对农户参与垃圾治理的影响，深入探究政府支持对行为结果影响机理的研究更为缺乏。

（3）国内外学者对影响农户垃圾治理行为的感知价值因素研究多集中于感知价值的总指标，及基于感知收益及感知风险角度的分维度，也有国外学者基于理性经济人理论，从收益、成本视角理论分析了感知价值与农户垃圾治理行为的关系，但鲜有学者从精神收益、物质收益、非物质成本、物质成本维度系统探讨感知价值的分维度对垃圾治理行为的差异化影响路径，以及不同感知价值水平农户参与垃圾治理的行为偏好、行为决策以及福利效应。

（4）已有文献多单独关注感知价值对农户垃圾治理行为的影响，或单独考察政府支持对农户垃圾治理行为的影响，鲜有将感知价值、政府规制和农户垃圾治理行为置于同一框架下，剖析二者对垃圾治理行为的影响机理以及作用路径。

本书在已有研究的基础上，针对农户参与垃圾治理的意向、行为决策及行为结果，运用有序 Logistics 模型、二值 Probit 模型、调节效应模型、PSM 模型等系统探讨了外部的政府支持、个体的感知价值总指标以及其分维度对农户参与垃圾治理行为的影响机理，其研究结果将有助于揭示农村环境治理主体，即农户，参与垃圾治理积极性低下的症结所在。依据实地调研资料和实证结果，提出改善目前农户生活垃圾治理现状的政策建议，为探索环境综合治理机制，制订合理的农户参与垃圾治理方案提供事实依据，同时为基于政府支持的视角建立切实可行的政策路径以提升感知价值，促进农户参与垃圾治理，乃至综合改善农村的人居环境，建立美丽乡村等环境行为提供理论依据与实证支撑。

1.4　研究思路、研究内容与研究方法

1.4.1　研究思路

本书依据计划行为、价值信仰、效用、动机等理论，将政府支持、感知

价值对垃圾治理行为的影响纳入同一研究框架下，并依照政府支持、感知价值指标构建—政府支持、感知价值与农户垃圾治理意向—政府支持、感知价值与农户垃圾治理行为决策—政府支持、感知价值与垃圾治理福利—政府支持、感知价值双重视角下农户垃圾治理行为提升的政策建议这条逻辑主线展开。第一，构建政府支持、感知价值与农户垃圾治理行为的理论分析框架。依据公共物品理论、环境行为理论和动机、效用理论等，探讨政府支持、感知价值与农户垃圾治理行为的关联。第二，利用 Cov – AHP 建立政府支持测度体系，利用因子分析法建立感知价值的指标测度体系。第三，采用有序 Logistics 模型、二值 Probit 模型，检验了政府支持、感知价值对农户参与垃圾治理意愿、支付意愿以及模式选择意愿的影响路径。第四，实证检验了政府支持、感知价值对农户参与垃圾治理行为决策的影响路径，并利用分群回归考察了群组差异下，农户行为决策的政府支持、感知价值影响因素。第五，采用中介效应模型，检验了感知价值—分类行为—治理福利、政府支持—分类行为—治理福利两条影响路径。第六，基于政府支持和感知价值视角，提出农户参与垃圾治理的政策建议。

1.4.2 研究内容

第一，基于政府支持、感知价值的视角建构了农户垃圾治理行为的理论研究框架。首先，对政府支持、感知价值、农户垃圾治理行为以及福利效应等概念进行界定和解释；其次，依据政府规制理论、动机理论、效用理论、环境行为理论等，探讨政府支持、感知价值与农户垃圾治理行为的关联；再次，以理论分析的逻辑关系为基础，将政府支持、感知价值纳入农户垃圾治理行为的理论分析框架中，形成本书的总体框架；最后，以 2017 年住建部公布的垃圾分类试点区域为调研对象，通过面对面的访谈问卷，客观分析了农户参与垃圾治理的现实问题及面临的困境，为探讨政府支持、感知价值对农户垃圾治理行为的影响机理奠定了理论基础。

第二，建立了政府支持、感知价值与农户垃圾治理行为指标体系。通过前述文献回顾利用因子分析法建立感知价值的指标测度体系，利用 Cov – AHP

建立政府支持测度体系。

第三，采用有序 Logistics 模型、二值 Probit 模型，检验了政府支持、感知价值对农户参与生活垃圾治理意向的影响路径，为了进一步丰富研究内容，本书将生活垃圾治理意向分为治理意愿、支付意愿以及模式选择意愿。首先，分析了政府支持、感知价值的总、分维度对垃圾治理意向的影响路径；其次，检验了政府支持、感知价值交互项对生活垃圾治理意向的差异化影响路径。

第四，采用 Probit、IV – probit 以及分群回归等方法，实证检验了政府支持、感知价值对农户参与垃圾治理行为决策的影响路径，具体地，首先检验了感知价值、政府支持分维度对农户垃圾治理行为决策的影响路径；其次，考虑到模型存在的内生性问题，利用 IV – probit 模型验证了政府支持、感知价值交互项对垃圾治理行为决策的影响；最后，利用分群回归考察了不同收入水平以及试点与非试点区域农户垃圾治理行为决策的政府支持、感知价值影响因素。

第五，采用中介效应模型，建立政府支持、感知价值影响农户参与垃圾治理的福利效应模型。具体地，首先，采用 PSM 模型检验了垃圾分类对垃圾治理主观福利以及客观福利的影响效应。其次，利用中介效应模型考察感知价值—分类行为—福利效应、政府支持—分类行为—福利效应两条影响路径，并利用 Bootstrap 检验出分类行为在两条路径中的中介效应值。

第六，根据前述实证结果，结合实地调研资料，基于政府支持和感知价值视角，提出农户参与垃圾治理的政策建议。基于感知价值视角，从感知精神收益、感知物质收益、感知非物质成本、感知物质成本等视角提出激励农户参与垃圾治理乃至乡村环境治理的政策建议，基于政府支持视角，从信息支持、激励支持、工具支持三个方面提出保障措施，为农村生活垃圾治理的顺利开展，为农村地区环境的全面提升提供理论依据及政策指导。

1.4.3　研究方法

采用规范理论推演与实证数据检验相结合的方法，运用文献分析法，理论分析了政府支持、感知价值与农户垃圾治理行为之间的内在生成逻辑，依据计划行为理论、价值信仰理论等概念模型构建了实证检验模型，使用因子分析法、二值 Probit、有序 logistics 回归、调节效应模型、中介效应模型等实证检验方法验证三者之间的作用机理。

（1）文献分析法。通过中国知网以及万方数据库、Web of Science 等文献资料库，查阅分析了垃圾分类行为的现有文献，了解目前国内外垃圾分类影响因素的研究现状，追踪国内外垃圾分类的研究动态。通过文献梳理，对垃圾治理的发展过程、研究现状以及存在的实施困境等做出理论性解释，同时结合本书的研究视角深度挖掘中国情境下，垃圾治理的影响因素，为论文的理论研究、数据分类以及后续的政策建议奠定基础。

（2）问卷调查法。论文实证数据来源于 2018 年 4—5 月在陕西省开展的实地调研数据，依据 2017 年住建部公布的《住房城乡建设部办公厅关于开展第一批农村生活垃圾分类和资源化利用示范工作的通知》，综合考虑地区行政划分、地理环境及经济发展状况，选取陕西省全国垃圾分类试点的陕南、关中地区，具体包括西安市的高陵区、渭南市的大荔县以及安康市的岚皋县为调研区域。问卷内容包括农户基本特征、农户感知价值、村庄环境因素、农户垃圾治理认知与态度、村里实施垃圾治理措施及政府支持等方面。调研采用面对面的访谈形式，总共调研问卷 700 份，最终获得有效问卷 672 份。同时，为了进一步完善政策建议，于 2019 年多次在陕西关中地区与当地政府及管理机构进行座谈，了解当地政府为垃圾治理工作提供的政策支持，为最后的政策建议提供依据。

（3）计量经济方法。综合运用 Cov - AHP、因子分析法构建政府支持、感知价值的指标体系，运用有序 Logistic 模型、二值 Probit 模型，PSM、Bootstrap、分群回归、层次回归、调节效应模型、中介效应模型探究政府支持、感知价值对垃圾治理行为的影响机理。

1.5　研究技术路线

首先，梳理了政府支持、感知价值以及农户垃圾治理行为的相关研究、搜集了我国农村垃圾治理的相关制度资料，并与实践中处于垃圾治理环节的相关政府管理人员以及学术上探讨垃圾治理的相关专家进行访谈，整理和凝练了影响农户垃圾治理行为的关键变量，并形成政府支持、感知价值影响农户垃圾治理行为的理论分析框架，确定研究的核心问题；其次，依据本书解决的核心问题设计问卷及调研方案，获取本书所需的相关数据；再次，根据拟解决的核心问题，建立理论分析模型，选取适合的经济计量模型检验两个核心自变量与垃圾治理行为的关系，验证理论分析阶段的相关假设；最后，依据理论研究和实证结果，提出农户参与垃圾治理的相关激励政策及措施。具体的技术路线详见图1-1。

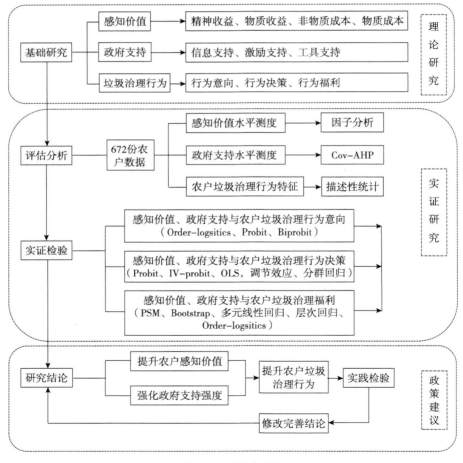

图 1-1 技术路线

1.6　可能的创新点

　　系统地架构了包括精神收益、物质收益、非物质成本、物质成本四个维度的农户感知价值评估框架，拓展了垃圾治理的感知价值的评估指标体系，推动感知价值理论在我国农村环境治理的实际问题研究中的本土化结合及创新性发展。本书通过上述四个维度的测度弥补了已有研究多从感知收益及感知风险角度测度农户垃圾治理的感知价值测度的不足，在综合考虑了农户在参与垃圾治理过程中的实际状况，通过评价指标体系的具体运用解释了农户参与垃圾治理过程中对取得的相应收益及付出成本的价值判断，从而为垃圾分类政策实施背景下政府引导农户参与垃圾治理提供了理论基础和实践指导。采用 Cov－AHP 分析法从信息支持、激励支持、工具支持三个维度测度和分析了政府支持，细化了垃圾治理的政府支持的指标体系，弥补了以往研究采用单一指标评政府支持的不足，且通过三个维度的比较分析，发现政府支持水平在不同的区域存在显著的差异。指标体系的构建为深入研究感知价值及政府支持因素提供了理论基础。

　　深入挖掘影响农户参与垃圾治理的政府支持因素及感知价值因素。本书实证检验了政府支持、感知价值分维度对垃圾治理意向与垃圾治理行为的影响路径，明确了农户参与垃圾治理的价值排序，以及影响农户垃圾治理行为的主要政府支持因素。研究发现，影响农户垃圾分类意愿的政府支持因素为信息支持、激励支持，感知价值因素为感知精神收益、非物质成本、物质成本；激励支持、工具支持是影响农户垃圾支付意愿的政府支持因素，感知精神收益、感知物质成本是影响农户垃圾分类模式选择的价值因素；激励支持、工具支持是影响农户垃圾分类模式选择的政府支持因素，感知价值的感知精神收益、感知物质成本是影响农户垃圾分类模式选择的价值因素；影响农户垃圾分类行为的政府支持因素为激励支持、工具支持，价值因素为非物质成本、精神收益，物质成本。以往垃圾治理影响因素的研究多聚焦于人口统计学特征、社会资本、态度等心理学因素，国内虽有学者尝试从政府支持、感知价值解释垃圾治理行为，但鲜有系统探讨政府支持分维度、感知价值分维度对垃圾治理行为的差异化影响路径，本书深化了政府支持、感知价值对垃圾治理行为的影响研究成果，同时结论为因地制宜地制定农村地区差异化的垃圾治理策略提供了数据支持。

遵循"政府支持—感知价值—垃圾治理行为"的理论逻辑，以垃圾分类治理为背景，将政府视角的政府支持及农户视角的价值感知纳入垃圾治理行为的同一研究框架，构建了动机理论下外部的政府支持对内部的感知价值影响农户垃圾治理行为的调节作用的理论模型，进行了实证检验，丰富了行为经济学及环境经济学的理论体系。通过实证检验发现，政府支持对感知价值影响农户垃圾治理行为具有显著的调节作用，且通过分维度的调节作用检验发现政府支持分维度对感知价值分维度影响农户垃圾治理行为的调节作用存在差异化的影响路径。基于政府支持视角，系统探讨其对感知价值总维度（分维度）影响农户垃圾治理行为的调节关系，进一步丰富了农户垃圾治理行为的相关理论。

将政府支持、感知价值、垃圾分类行为决策、垃圾分类的福利效应纳入农户生活垃圾治理研究框架，构建了行为经济学视角下政府支持、感知价值影响农户垃圾治理的福利效应的理论框架。建立了政府支持、感知价值通过影响垃圾治理行为决策进而影响农户福利效应的理论框架，并通过实证研究发现，垃圾分类行为显著正向影响农户的福利水平，垃圾分类对农户主观福利、客观福利的影响净效应分别为 20.4% 和 27.8%。分类行为在政府支持影响福利的关系中存在部分中介作用，在感知价值影响福利的关系中存在部分中介作用。对福利效应的研究扩展了垃圾治理的研究视野，将研究视角延伸到后端，丰富了研究成果。

2 理论基础

2.1 相关概念界定

2.1.1 政府支持

垃圾治理是政府提供主要公共物品供给，公众普遍参与的一种集体行动。垃圾治理本质上属于准公共物品管理，政府通过投放公共物品，将社会利益与农户对垃圾治理的个体诉求结合起来，实现垃圾治理的经济、效益以及公平的原则。因此，在垃圾治理过程中，政府为主导方，其公共物品的投放质量决定着公共物品管理的成功与否。政府支持指政府提供的一系列的有效措施，具体包括政府制定的相关政策，政府提供的基础设施工具、提供的资金支持，政府给予的激励支持，政府提供的推广服务等。具体地，政府的工具支持，包括基础设施的建立、资金的供给、服务的提供等，同时还包括一系列政策或保障措施的制定。激励支持包括奖励制度的实施、惩罚机制的设置等。而信息支持主要是指，政府为了推广某项技术或者活动，而展开的一系列的培训、推广等服务。在农村地区，新技术的实施都离不开推广服务。推广服务既是农户学习新技术的渠道，也是政府向农户展示新技术的渠道。因此，本书将政府支持定义为提供公共物品供给的工具支持，建立奖惩制度的激励支持以及推广宣传的信息支持。

2.1.2 感知价值

感知价值的内涵主要包括四个方面：一是价格，说明货币对感知价值的重要性；二是"效用"，即从产品中所获取的东西；三是付出的价格或成本，强调金钱与效用的权衡；四是得到的全部收益。因此，感知价值可以看作个人在感知利益与感知付出之间权衡的结果。具体来看，感知价值指当顾客对获取某种产品，或者获得某项服务，甚至是参与某个行为而付出的潜在成本，以及可能获取的收益之间比较的结果，既可以看作对产品、服务，或者某种行为的总体评价，也可以看作对产品、服务或者某种行为而产生的成本、收益的主观认知。而这种主观认知会影响到个体的价值判断，从而影响到个体的决策行为。这一价值是基于个体的价值判断，而非客观的。感知价值往往是非货币化的一种综合评价结果，因此，其代表的是一种主观效用而非客观效用。感知价值是一种心理上的评估，本书采用这一观点，将感知价值定义为农户参与垃圾治理时，为垃圾治理付出的成本与获取的收益的评价。考虑到农户参与垃圾分类时，不仅包含物质化收益与成本，还有非物质化的收益与成本。基于此，本书将感知价值定义为农户参与垃圾分类时感知获取的精神收益与物质收益、非物质成本以及物质成本的评价。

2.1.3　农村生活垃圾

生活垃圾定义在法律层面、学术层面都进行了探讨。《中华人民共和国固体废物污染环境防治法（2016 年修正)》的第六章对生活垃圾概念进行了明确定义，即生活垃圾是指在日常生活中，或者为日常生活提供服务的活动中产生的固体废物以及法律、行政法规规定视为生活垃圾的固体废物。[①] 学术界也对生活垃圾进行了定义，如程志华（2019）对农村生活垃圾的定义将与农业生产有关的有害物质垃圾、建筑废弃物以及其他相关生产垃圾排除在外。生活垃圾主要来源于生活产生的固体废弃物，既包括可以出售的部分，也包括农户随意丢弃的部分。龚文娟（2020）依照法规中的定义，将生活垃圾定

---

① 《中华人民共和国固体废物污染环境防治法》是为了防治固体废物污染环境，保障人体健康，维护生态安全，促进经济社会可持续发展而制定的法规。该法律自 1995 年 10 月通过以来，分别在 2004 年进行了第一次修订、2013 年进行了第一次修正、2015 年进行了第二次修正、2016 年进行了第三次修正、2020 年进行了第二次修订。

义为日常生活中产生或者为日常生活提供服务的活动中产生的固体废物，以及法律、行政法规规定的固体废物。本书依据《中华人民共和国固体废物污染环境防治法（2016 年修正）》中的规定，将生活垃圾定义为农村日常生活中或者为日常生活提供服务的活动中产生的固体废物，其不包括与农业生产有关的有害物质垃圾、农业生产废弃物等。

2.1.4 农户垃圾治理行为

垃圾治理指政府与社会公众共同努力下实现的垃圾综合治理。垃圾治理包括治理体制及其运行机制的制定，政府与社会公众的分工机制，监督规范的建立，激励机制的设计等。垃圾治理的成功首先依赖政府的引导，其次需要社会公众的普遍参与。政府、社会及社会公众之间是相互依存的关系，垃圾治理的关键是充分调动社会公众参与垃圾治理的积极性，形成有效的集体行动，实现综合治理。垃圾治理不仅是政府的规制、环境保护行为，垃圾治理还需综合考虑经济、效率原则，评估公众参与的公开、公平原则。

垃圾治理行为是农户参与垃圾治理的过程，包括随意排放、售卖、集中收集、资源化处理及焚烧等（程志华，2019）。张旭吟（2014）将随意排放行为定义为农户未将废弃物送至堆放点或回收点，随意丢弃的行为。售卖行为是指将可回收的垃圾，诸如纸箱、矿泉水瓶等废弃物出售给回收机构，以获取一定的经济收益，售卖行为是农村废弃物处理的重要过程（程志华，2019）。集中收集是指除了售卖以及资源化处理的部分外，农户是否将剩余垃圾交付到村里提供的集中垃圾回收点。这一行为过程被称为集中收集。资源化处理主要是指对秸秆、厨余垃圾等有机质垃圾是否进行了资源化处理，以减少集中处理的垃圾数量。目前，农村地区由于严禁焚烧秸秆等废弃物，因此焚烧行为在农村地区已较少发生。

我国农村垃圾治理主要依靠政府传统的行政力量，而作为农村治理主体的政府和个人缺一不可。目前，农村地区发展还处于重经济、重农户增收的过程，自身缺乏农村环境治理诉求。农村垃圾治理的成败取决于集体行动的效果，取决于垃圾治理理念、制度和技术在行动者层面的执行效果，因此，本书站在农户的视角，将农户垃圾治理行为定义为农户参与垃圾治理过程中表现出的行为意向、行为决策以及福利效应的过程。

2.1.5 垃圾治理的福利效应

福利最早由西方古罗马时代提出，主要指美好的生活，马歇尔认为福利是包括物质和精神两方面的复合体，庇古在《福利经济学》一书中提出福利水平可分为经济福利和一般福利，随后阿马蒂亚·森认为福利水平是可行能力集合，包括个人的功能性活动和自由程度两方面。20 世纪 60 年代中期至 70 年代早期，国内学者对福利水平的测度包括经济含义、健康水平、社会关系和环境质量等方面，而西方学界还将个体主观福利，即个体获得的幸福感作为福利的测度指标。福利概念随社会发展的不同阶段赋予了更丰富的内涵。垃圾分类政策的实施旨在通过源头分类实现减量化、无害化、资源化的处理目标，而农户在参与垃圾治理等环境保护行为时，会产生溢出效应，影响其他亲环境行为，即产生客观行为效应。因此，农户参与垃圾治理的过程中，产生了由垃圾分类带来主观与客观福利的认知。而这种认知是决定垃圾治理成败与否的一个重要因素，也是农户持续参加垃圾分类的动力。

农户垃圾治理的福利效应，是指农户在参与垃圾治理的过程中，包括一般性的垃圾回收以及特殊的垃圾分类的治理模式，其对垃圾治理所带来的主观福利以及客观福利的认知及认知程度。即农户对参与垃圾分类带来的主观福利、客观福利的认知和农户认为自身能够从垃圾治理中所获得福利的大小。

2.2 基础理论

2.2.1 公共物品理论

公共物品的非竞争性和非排他性导致难以形成有效的集体行动，因此公共物品无法通过市场或者个人来提供。其中，非竞争性是指当公共物品被提供出来，任何消费者对它们的消费都不影响其他消费者的利益，也不会影响整个社会的利益；非排他性是指公共物品的消费权无差别地提供给集体的每一个人，公共物品的使用效用无法在消费者之间进行分割，因此，集体是共同消费的。公共物品的这种天然属性导致政府是公共物品供给及公共服务提供的最佳选择。而个体在公共物品消费过程中，由于较少甚至不承担成本，"搭便车"问题频发。由于公共物品存在无差别消费权，理性的消费者消费公共物品时，不愿意为公共物品的生产做出贡献，即无论消费者是否为公共物品的供给付出了成本，都可以与其他消费者一样，无差别地消费公共物品。这就可能产生两个结果：其一，消费者尽可能地用最低的成本，更多地从公共物品中获取利益；其二，消费者为了达到其效用最大化，而隐瞒对公共物品的偏好，由此导致难以形成有效的集体行动。从理论上讲，若参与公共物品管理的每一个个体都愿意参与合作，则集体中的每个人可以达到效用的最大化，人人获利，但由于个体间缺乏协作及约束机制，因此，集体中的每一个人都有机会选择背叛其他人，最终结果导致难以形成有效的集体行动。基于此，公共物品的供给一般由政府通过税收的办法来筹集资金，然后交由公共企业去生产。从现有文献来看，国内多数学者倾向于将农村公共物品定义为与农村居民生产、生活相关的非竞争性、非排他性产品，如农业基础设施、农村教育与科研、农业生产信息与技术服务、农业生产技能培训、农村公共秩序、农村道路建设等。

从成本分摊的角度来看，公共物品可以分为制度内公共物品和制度外公共物品。其中，制度内公共物品为政府通过规范化的税收收入提供的公共物品，而制度外公共物品由政府、社区组织通过制度外公共收入提供的公共物品。农村公共产品是具非排他性、非竞争性的公共设施和公共服务的总和。公共物品和公共服务不仅满足了农村经济发展、农业生产以及农户生活消费的需求，同时这些公共物品的提供会使农村受益，因而，农村公共产品具有多层次性。目前，农村地区的公共物品长期面临供给不足的问题，受经济发展水平的影响，政府对农村地区的公共财政支出，只有很少一部分会投入公共物品供给中（温莹莹，2020）。另外，农村地区缺乏有效的非营利组织机构及行之有效的管理制度，导致农村地区的环境、垃圾治理等公共物品管理面临困境，加剧了公共物品管理的难度。

已有研究表明，地区的经济发展水平以及政府的公共投入强度决定了一个地区的公共物品供给水平，需求表达机制、供给决策机制是影响公共物品供给效率的两大主要因素。理论上，农户通过需求表达机制，表明其对农村公共物品的需求。而现实中，受经济发展水平的影响，政府制定公共物品供给函数时，往往忽略了农户的需求偏好，导致供给函数存在偏差。也有学者认为，即使存在需求表达机制，农户也无法正确地表达自己的需求偏好，仍会导致供给偏差，由此导致公共物品供给效率的低下。从垃圾治理层面分析，现阶段农村地区的公共物品供给采用的是"自上而下"的公共物品供给决策程序，垃圾治理的供给不是基于农户需求表达，而是根据地方决策者的"利益"目标需要来作决定。由此，农村地区的垃圾治理面临供给水平、供给效率低下困境。

2.2.2 政府规制理论

政府规制也被翻译成政府管制，是政府为了实现一定的目标，对市场实施一系列的干预行为总称，其干预手段可以是法律授权、制定规定、监督惩戒等。国外学术界对政府规制的理论研究仅仅几十年，而我国处于刚起步阶段。1989 年，随着美国学者乔治·施蒂格勒的《产业组织和政府规制》一书引入中国，政府规制进入国内学者的研究视野。使用规制还是管制，目前学术界尚未达成共识。管制强调了控制，而规制突出了规则、规律，且可以恰当地表述我国政府在经济转轨时期的职能定位。因此，本书使用政府规制。政府规制是指政府的通过行政机构，以法律为根据，通过颁布法律、规章、命令及裁决为手段治理市场失灵，对不完全公正的市场交易行为进行控制和干预（余晖，1997）。曹勇等（2015）认为"规制"是指政府对私人经济活动所进行的某种直接的、行政性的规定和限制。政府规制包括经济规制、社会规制与政治规制三个方面。

政府规制是以市场失灵与福利经济学为基础，追求社会利益最大化。政府规制典型的理论有"公共利益论""规制俘房论"以及"激励论"。"公共利益论"认为市场是脆弱的，缺乏控制的，如若政府放弃管制，则自由的市场容易导致公平丧失以及效率低下。而政府作为"有形的手"，是大公无私的，通过有效的政府规制手段，让整个社会的利益最大化，且不会产生规制成本。"规制俘虏论"对公共利益论的观点进行了反驳。该理论认为，大量研究证明，与受规制的产业相比，不受规制的产业并未出现显著的低效率、低公平。事实上，规制经常被利益集团掌控，因此，规制的收益是掌握在利益集团手中，是在各个利益集团间的分配，而非社会利益的最大化。"规制俘虏论"的分析引发了政府规制实施方法的广泛讨论，其中，具有代表性的是激励性规制理论。激励规制在不破坏原有规制结构的前提下，给予受规制企业施加竞争压力，以刺激内部效率的提升。

公用事业的市场结构具有典型的自然垄断特征，自然垄断会导致平均成本随着产量的增加而递减，即生产函数呈规模报酬递增状态。即当存在规模经济时，就会产生自然垄断。经济学家主张对于自然垄断产业实施政府规制。政府机构通过直接或者间接方式对企业或者消费者进行干预，通过改变企业与消费者之间的供需，确保市场的生产有效运行，实现社会福利最大化，达到帕累托最优。因此，政府规制更多体现为控制行为、引导行为。基于动态的视角分析，当需求结构与成本结构发生变化时，极有可能导致公用事业的市场结构从自然垄断向非垄断方向变化。由此，公用事业将成为政府与市场、集体与个体之间的混合决策。政府与市场之间的博弈确定了公共物品的供给水平，个体按照个人分摊的成本与边际收益的比例关系，通过讨价还价的方式，达成个人与集体之间的成本分摊，最终形成公共物品的供给均衡。

垃圾治理属于典型的公共事业市场结构，从自然垄断的角度分析，公共物品供给应完全由政府通过规制完成公共物品的供给均衡，即由公共部门来提供物品或服务。而从非垄断角度分析，公共物品的非垄断性引入了市场因素，此时的公共物品供给均衡取决于政府及市场的共同作用，政府的投入程度取决于市场在公共物品供给中发挥作用的大小。公共物品的属性导致了个体与集体之间难以自觉地达成成本分摊协议。因此，通过引入市场机制降低垃圾治理的总成本，同时通过政府规制约束降低个体与集体之间的分摊协议成本。

2.2.3 环境行为理论

近年来，随着人们对空气质量等环境问题的关注程度不断提升，越来越多个体自愿地参与到与环境治理有关的亲环境行为中，而学者也逐渐开始关注个体环境行为的影响因素及影响机理的探讨。环境行为（Environment Behavior）是一个宽泛的概念，除了研究个体的环境行为外，还研究组织行为、企业行为、社会价值等与环境有关的问题。它基于多个角度探讨环境问题，寻求环境和行为的辩证统一，其目的是追求生活品质的提高。

环境权理论认为，个体享有对其所处环境维持正常生产、生活的权利，即个体享有使用良好环境的权利。因此，当环境危机来临时，个体有权参与到环境决策事宜，有权向危害环境的组织或者个人提起诉讼。另外，从环境义务理论看，个体也有保护环境的义务。就垃圾治理的角度分析，农户享受不受农村垃圾造成的环境污染的权利，同时作为垃圾的生产者，其也负有垃圾治理、维护环境免于污染的义务（张莉萍，2020）。环境行为理论认为，个体与环境不是孤立存在的，个体通过效用判断而选择了影响环境的行为，这种行为既可能是积极的，也可能是消极的。积极的行为会带来环境的优化，实现全社会的资源节约和可持续性发展，而消极的行为则会导致资源的浪费及环境的恶化。

本书将环境行为局限于狭义的环境行为，即基于个体与周围环境之间关系的一门学科。基于资源的有限性，个体对物质环境存在依存，同时由于个体行为的不当，个体与物质环境间存在此消彼长的关系。因此，环境行为重点是基于个体的角度，探讨个人参与环境治理的过程，该参与过程包括了相关环境政策制定的预案参与，法律、法规实施的过程参与以及公众"从我做起"的行为参与等（张莉萍，2020）。个体的环境行为研究涉及多学科，多领域的交叉，比如环境心理学、社会地理学、环境社会学等。其中，环境心理学关注人的内在心理过程，旨在通过研究个体的知觉、认知、行为控制等心理因素探讨个体环境行为。

垃圾治理是一种积极的环境行为，同时属于环境行为学的环境心理学领域，研究了解个体的知觉、认知、学习等对垃圾治理行为的影响。目前较为成熟的计划行为理论、价值信仰理论、目标框架理论等都是建立在环境学的基础上，基于个体的价值、信任、规范、态度、主观规范以及行为控制等视角研究了垃圾治理行为的影响因素及机理。

2.2.4 动机理论

当农户进行行为决策时，他（她）考虑的问题是"是否值得这样做"，在此过程中个体对各种可能性和价值进行评估和判断，弗鲁姆的期望理论指出，当个人预期到某种行为能够带来特定结果时，并且这个结果达到吸引个人行动的阈值，则个体就具有了采取行动的动机。因此，行为决策的条件包括三个：一是行为结果的预判，二是结果是否达到激励个人行为的阈值（对个体是否具有吸引力），三是个体将花费多大的成本（付出）才能达到结果。即当个体认为通过自己适当的努力，能够实现目标结果，则个体就产生了行为动机。反之，如果目标结果未达到个体行为结果的阈值，则目标实现的可能性较小，则行为动机就会弱化。根据数学公式：

$$激励强度 = 目标效价 \times 期望概率$$

其中，期望概率是一种可能性，即个人感觉达到目标并获得相应收益的可能性，当期望概率过低，则个体将放弃努力，行为停止。反之，则个体将会采取积极的行为。效价具体指个体对行为结果的价值判断，即个体认为行为结果对自己的吸引或者重要程度。不同的个体对行为结果的价值判断是不同的，同一行为结果的"效价"在不同的个体之间其吸引力或重要程度呈现差异化。即某一个体认为很重要或者吸引力很强的报酬，比如垃圾治理产生的环境效应，对某个农户可能具有很大吸引力，而对另一个农户则没有吸引力或重要性。

因此，当政府对农户垃圾治理行为进行激励时，首先对农户的垃圾分类的效价进行评价，其次通过测算农户的期望概率，最终决定适合于激励农户垃圾分类行为的强度，以达到正向积极的作用。基于农户的动机分析，农户的参与垃圾分类的动机取决于其效用评价值的大小。理论上，效用评价越高，则其参与垃圾分类的概率越大，反之亦然。

2.2.5　效用理论

《道德和立法原则》中将效用定义为"倾向于给利益相关者带来利益，或者倾向于防止利益有关者遭受损害"，英国经济学家巴尔本则认为物品的效用在于满足人的欲望和需求。基于效用可以被计量的假设条件下，边沁和密尔发现了"边际效用递减规律"，形成了基数效用论。基数效用认为效用大小是可以测量的，其计数单位就是效用单位，但是现实中效用单位的量无法确定，导致基数效用计算难以实现。序数效用论的出现缓解了基数效用论中效用难以测量等缺陷。效用作为一种心理现象虽无法单位量化，也不能加总求和，但是可以通过测量满足程度的高低，对效用进行排序，由此形成了序数效用论。序数效用认为在给定的预算约束条件下，个体的选择行为（选择偏好）反映了效用顺序，即个人的选择是基于效用排序下的最大化选择（毛刚和朱莲，2006）。

新制度经济学提出了人的行为特征的三点假设，即非财富动机最大化、有限理性，以及机会主义倾向（叶航和肖文，2002）。基于此，新制度经济学认为人的行为动机是复杂的，因此个人的目标函数是效用最大化，不仅指财富的最大化，还应包括一些非财富的动机的需求，比如名利、地位、利他等非财富需求。人们追求利益最大化其实就是在财富和非财富之间寻求一个最优组合比例（均衡），而这个均衡为个体的满足程度最大。Becker（1995）对效用函数进行扩展，将他人的消费水平也纳入个人自身的消费水平效用函数中。我国学者认为应将道德行为、情感行为和审美行为放入效用函数中以弥补传统效用理论存在的缺陷。杨春学（2001）考虑到他人效用（福利）对个人满足的增进作用，将利他主义纳入个人效用函数中，扩充了个人的"自私偏好"。

广义效用假说将效用定义为行为过程中个体通过偏好选择所获取的心理或生理上的效用最大化。即效用的总水平是经济、道德、情感甚至是宗教以及信仰等一系列效用的综合结果。当个体进行行为决策时，其首先会比较每一种行为所带来的边际效用的大小，基于广义效用假说，人类行为将依据一定的偏好呈现出差异化的价值取向。比如个体在采取环境保护行为时，其效用包括了经济效用、利己利他的道德效用等，当利己利他的道德边际效用大于经济边际效用时，个体将注重道德选择，反之，个体则注重经济选择，即个体将为了其他目的而放弃自身的经济利益。就某一特定行为判断来看，当约束资源的边际效用，以及行为的初始成本保持不变时，行为选择的边际效用越大，其采取此行为的可能性越大；若行为边际效用及资源约束的边际效用保持不变，成本越低，则个体越偏好此行为。因此，个体的行为结果，比如垃圾治理行为等是基于广义效用下的最大化。

2.3 影响机理分析及研究假设提出

2.3.1 政府支持影响农户垃圾治理行为的机理分析

影响农村环境治理的诸多因素中，城乡二元结构被认为是导致农村环境问题突出的根本原因（吕晓梦，2020）。城乡二元结构不仅导致了农村地区环境基础设施薄弱，而且使农村环境治理不受重视。随着中国经济以内需促发展的经济格局形成，城市大众的消费方式及消费理念逐渐渗透到农村地区，而处于经济相对落后的农村地区，受有限经济条件的约束，优先满足最基本的生产和生活需求是农户的首要需求，因此，个体对环境的需求自然会被选择性地忽略。早期，我国环境保护和环境治理"重城市轻农村"，农村环境治理的需求不被重视，环境治理能力得不到提升，进而加剧了城乡环境差距。自新农村建设以来，农村环境问题受到普遍的关注。2008 年，国家开始着手解决农村环境综合整治，出台了一系列的政策约束农村的环境治理，并投入了大量的物力、财力、人力支持农村环境的改善。

根据环境库兹涅茨曲线（Environmental Kuzets Curve）的实证结果，经济发展与环境污染之间存在倒"U"形曲线关系。目前农村的经济发展水平正处于早期阶段，即随着经济的发展，环境不断恶化。处于追逐收入提升阶段的农户，自身对环境的诉求较低，因此，需要政府介入，进行环境治理。新制度经济学认为，制度是为了约束人们之间互动，在各方博弈结果下设计的一个社会的规则（徐旭初，2014）。农户的垃圾治理行为不仅是个人效用最大化后的理性选择，同时也受外部环境制度以及政府支持的影响（见图2-1）。

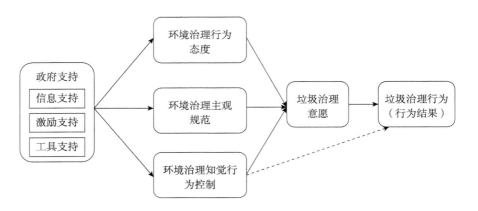

图 2 - 1 计划行为理论框架下政府支持影响农户垃圾治理行为的机理

本书中农户垃圾治理行为的外部制度环境主要是指目前政府对于农村生活垃圾处理的一系列制度安排，其不仅包括对应的规章制度，还包括资金供给、公共物品供给，以及一系列的配套措施。结合本书的研究内容，将影响农户垃圾治理行为的外部政府因素归集为信息支持、激励支持、工具支持。理论上，政府制定的正式、非正式的制度约束了农户的环境治理行为，比如政府通过强制的方式在农村地区进行垃圾资源化处理的试点，这种正式的制度约束下，试点地区的农户具有较高的资源化处理水平（盖豪，2020）。同时，外部制度环境的规则、制度框架等通过提升个体犯错的机会成本，培养了农户在环境治理等问题中的偏好。最后，政府通过相关制度的约束保证了个体与集体利益的一致性，从而促进了集体行动。基于此，本书提出以下研究假设：

H1：政府支持显著影响农户的垃圾治理行为。

H1a：政府支持显著影响农户的垃圾治理意向。

H1b：政府支持显著影响农户的垃圾治理行为决策。

2.3.2 感知价值影响农户垃圾治理行为的机理分析

感知价值是个体就某一物品或服务交互过程和结果的主观感知，包括个体对其感知利得与感知损失之间的比较和权衡（Thae，2007；Yang 和 Peterson，2004）。在传统农村社会里，重要的公共物品普遍存在着约定俗成的保护原则，并被农户自觉地遵守着，从而保证个体间的和平相处以及互惠互利。然而，在城市化加快发展的历史进程中，农户的生产、生活方式发生了巨大的变化，个体的行为不再仅仅受限于所在地区的规范，由此引致传统监督机制失灵，监督成本大幅攀升。与此同时，劳动力流动浪潮的掀起，促使村庄人口流动现象日渐频发，个体村庄归属感以及村庄凝聚力也随之弱化，因而，个体往往从自身利益和需求出发，自行选择如何参与或怎样参与公共物品的治理。农户作为理性个体，在"人人共有，无人所有"的居住环境面前，往往倾向于维护个人利益而损害集体，甚至社会利益（郑云辰等，2019）。这一现象与微观经济学中的个体效用最大化理论不谋而合。当农户面临是否应该参与垃圾分类问题时，作为有限理性人的典型群体，在一定预算约束条件下，他们往往基于成本与收益双重视角衡量其参与垃圾分类的效用值，基于个体效用最大化来决定参与与否。鉴于此，本书基于有限理性经济人的理论假设，依据个体效用最大化目标，试图从收益感知和成本感知两个方面探究感知价值对农户参与垃圾分类的影响。

垃圾分类治理常常会带来一系列的福利效应，特别是环境效应和社会效应，然而，由于这些福利效应会无差别地由集体中的每个农户共同享有，而忽视个体在垃圾分类治理中的贡献程度，因此，"搭便车"现象频发，即农户倾向于在不付出成本的前提下，享有垃圾分类带来的环境及社会等"红利"。为改善这一现象，引导更多个体参与公共事务处理，Olsen 认为，可以制定选择性激励策略。一方面，该策略的实施有益于增强个体主动贡献意识，从而提高个人实现集体利益的积极性。另一方面，该策略除了经济方面的奖励措施之外，还应基于个体道德和成员间的关怀等角度，设计一系列行之有效的非物质奖励措施。基于此，本书将从物质收益和非物质收益两个方面衡量农户参与垃圾分类而获得的收益感知。

然而，在垃圾分类治理过程中，农户垃圾分类行为不仅易受个体收益感知的驱动，也会受到成本感知的影响。公共物品的非排他性属性导致个体不愿意主动提供公共物品，而倾向于依赖于政府通过征税或者财政支出等方式提供。与城市地区的国家、市场、社区"三元化"，两两"委托—代理"模式不同，农村地区公共物品的供给主要依赖于政府以及村镇级政府管理机构。公共物品及服务的供给方式、供给数量均由上级政府部门通过计划的方式自上而下地垂直分配给下一级的行政管理机构及组织，最终由村镇级政府负责实施。这一实施过程挤出了农户在公共物品需求中的话语权，同时也导致了农户对政府及村镇管理组织的高度依赖。此外，受宏观经济环境的影响，公共物品或公共服务的供给数量及质量普遍存在非均衡性，由此导致农户在公共物品的供给过程中被迫承担一定的成本。因此，本书将从物质成本和非物质成本两个方面表征农户参与垃圾分类的成本感知（Pieters 等，1986；Kirstin和 Anita，2016）。

鉴于上述分析，依据相关文献（Ankinée，2017），本书将农户参与垃圾分类而获得的效用模型设定如下：

$$\Delta U = U_B(W_i, S_j) - U_c(M_i, F_j) \qquad (2-1)$$

其中，$U_B(W_i, S_j)$ 表示农户的收益感知，$U_C(M_i, F_j)$ 表示农户的成本感知。其中，W_i 代表农户参与垃圾分类获取的物质收益，S_j 代表农户参与垃圾分类感知的环境价值等非物质收益；M_i 代表支出的物质成本，F_j 代表农户参与垃圾分类产生的非物质成本。当 $\Delta U > 0$，即 $U_B(W_i, S_j) > U_C(M_i, F_j)$，农户才会采取分类行为，反之，则代表不参与。由于垃圾分类的收益及成本包括可以货币化的物质收益和物质成本，也包括非货币化的精神收益及非物质成本。因此，依据上述的理论分析，本书基于感知价值的视角，从正向影响因素的收益感知和负向影响因素的成本感知两个角度测度感知价值。

依据价值信仰理论，个人的价值判断会影响其信念，进而影响到个体的规范，最终影响到其行为（Maria 等，2013）。当农户参与垃圾分类时，其参与垃圾分类的价值判断会影响其对环境后果的判断，而环境后果的判断会影

响责任归属的划分，责任归属则影响其环境道德感，环境道德感导致其选择
不同的垃圾治理行为。由此，提出研究假设 H2。

H2：感知价值显著影响农户的垃圾治理行为。

H2a：感知价值显著影响农户的垃圾治理意向。

H2b：感知价值显著影响农户的垃圾治理行为决策。

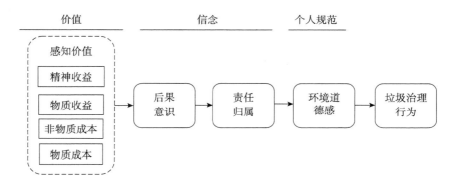

图 2 - 2　价值信仰理论框架下感知价值影响农户垃圾治理行为的机理

2.3.3　政府支持对感知价值影响农户垃圾治理行为关系的调节作用分析

目前，政府是农村环境治理的主要推动者，为了鼓励农户参与垃圾治理
活动，政府出台了一系列的实施路径、机制、手段与方法。已有研究表明，
环境政策工具可以通过命令型、经济激励型、社会参与型（张莉萍，2020）
三种方式进行环境治理。

政府支持作为市场经济发展有形的手，具有替代、扩张或补充市场不完
善的功能，其为减少经济转型条件下因市场制度不完善所造成的不利影响而
提供的各种支持。在农户参与生活垃圾治理的过程中，政府采用的是社会参
与型，即不完全依赖法规的强制性及经济利益的驱动性，将农村垃圾的分类、
资源化处理的概念同化到个体的环境治理态度中，从而使农户长期参与到垃
圾治理的分类活动、资源化处理等活动中。基于价值信仰理论的感知价值影
响农户的垃圾治理行为的激励分析表明，农户的感知价值通过影响垃圾治理

的态度，最终影响到农户的垃圾治理行为，而基于计划行为理论，政府规制等理论的分析，政府支持亦通过影响农户的个人垃圾治理态度，进而影响其垃圾治理行为。

同时，依据动机理论，个人的行为决策不仅受个体的内部因素影响，同时还受到外部环境的影响。基于此，农户的垃圾治理行为不仅受到内部个体因素的感知价值的影响，同时还受到外部政府支持的环境因素的影响。即同等感知价值水平的农户，随着外部政府支持水平的不同，其垃圾治理的决策亦不同。

基于此，本书提出以下研究假设：

H3：政府支持在感知价值影响农户垃圾治理行为关系中具有调节作用。

H3a：政府支持在感知价值影响农户垃圾治理意向关系中具有调节作用。

H3b：政府支持在感知价值影响农户垃圾治理行为决策关系中具有调节作用。

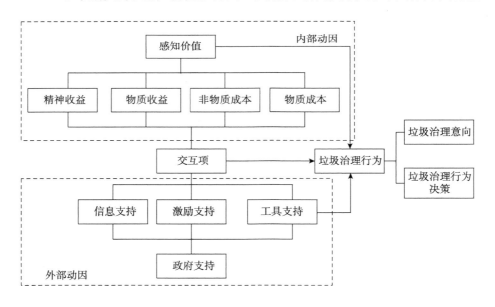

图 2 - 3 动机理论下政府支持对感知价值影响垃圾治理行为关系的调节作用

2.3.4 垃圾治理行为影响农户福利效应的机理分析

福利最早于西方古希腊罗马时代提出，主要指美好的生活，马歇尔认为福利是物质和精神两个方面的复合体，庇古在《福利经济学》一书中提出福利水平可分为经济福利和一般福利。随后阿马蒂亚·森将福利水平定义为可行能力集合，包括个人的功能性活动和自由程度两方面。福利概念随社会发展赋予了更丰富的内涵，国内学者从经济含义、健康水平、社会关系和环境质量等方面测度福利水平，而西方学界还将个体获得的幸福感作为福利的测度指标。垃圾分类是典型的垃圾治理方式之一，本书将农户参与垃圾治理的福利效应定义为其在参与垃圾分类活动过程中，对垃圾分类所带来的幸福感提升的主观福利，以及垃圾分类行为对其他亲环境行为溢出效应的客观福利。基于主观福利视角，源头分类能够有效减少垃圾焚烧的数量，实现垃圾处理的减量化和无害化，减少垃圾对环境的污染；同时，良好的生态环境有益于农户的身体健康，有益于优化农村养老环境，吸引更多的农户在乡养老。即垃圾治理能带来幸福感提升的主观福利。基于客观福利视角，已有研究表明，一种亲环境行为可能对另一种亲环境行为产生正向的溢出效应（Xu 等，2018），即当人们将自己作为环境保护主义者时，他们自己更倾向于采用亲环境行为，诸如减少浪费、绿色购物、家庭节能等（Whitmarsh 和 O'Neill，2010）。Xu 等（2018）在研究农户垃圾分类行为的溢出效应时发现，垃圾分类行为具有溢出效应，即参与垃圾分类的个体，其节约用电等亲环境行为得以提升。即农户参与垃圾分类的行为有助于客观福利的提升（其他亲环境行为）。

基于此，本书提出以下研究假设：

H4：参与垃圾分类能够提升农户的福利效应。

H4a：参与垃圾分类能够提升农户的主观福利效应。

H4b：参与垃圾分类能够提升农户的客观福利效应。

2.3.5 垃圾治理行为在政府支持及感知价值影响农户福利效应中的中介效应分析

2.3.5.1 垃圾治理行为在感知价值影响农户福利效应中的中介效应机理分析

Sirdeshmukh 等认为，感知价值是自身较高的目标，而福利水平属于行为结果的绩效，属于一种次级目标（Sirdeshmukh 等，2002）。根据目标理论和行为识别理论，高级目标往往影响及控制次级目标。即农户参与垃圾治理的感知价值水平越高，则其对垃圾治理问题就越重视，面对垃圾治理越可能作出理性选择，从而积极参与垃圾分类等垃圾治理活动，其福利效应水平得以提升。具体地，从感知收益的视角，农户通过参与垃圾分类等垃圾治理活动获取的声望收益，或者出售具有经济价值的可回收垃圾，以及将厨余垃圾等可腐垃圾进行资源化处理后还田而获取的物质收益，均会提升农户的感知收益，从而激励农户参与到垃圾治理活动中，并提升其福利效应水平。从感知成本的视角，当农户认为其参与垃圾治理活动花费的时间成本、精力成本、学习成本以及物质成本较低时，其参与垃圾分类的概率显著提高，最终影响到环境治理的福利效应。

研究表明，垃圾分类能够促进乡村环境变美，有利于美丽乡村的建设（张志坚等，2019），生态环境的改善有益于农户的身体健康，有益于优化农村养老环境，最终提升农户的幸福感及生活满意度（刘庆强等，2013），即影响农户的主观福利。此外，目标激活理论的研究表明，当有显著的环境因素影响绩效时，执行一个有益的环境行为可能会激活一个有利于环境的目标（Thøgersen，2004）。Thøgersen 和 Noblet 在研究垃圾回收、购买节能产品等亲环境行为时发现，当个体执行一种亲环境行为时，会产生对环境的精神关注，而这种关注会导致其更多的亲环境行为发生（Thøgersen 和 Noblet，2012）。因此，当农户对垃圾治理这一亲环境行为进行价值判断时，其感知精神收益及物质收益的提升，会极大地激励农户对环境的精神关注，增加其参与其他亲环境行为的概率。同时，农户对垃圾治理非物质成本及物质成本感知的降低会产生晕轮效应，影响农户对其他亲环境行为的成本判断，由此产生更多的亲环境行为。基于此，感知价值作为影响环境绩效的重要因素，其提升有助于产生更多的环境精神关注，从而提升农户的其他亲环境行为，即提升客观福利。

基于此，本书提出以下研究假设：

H5：垃圾分类行为在感知价值影响农户的福利效应关系中存在中介作用。

H5a：垃圾分类行为在感知价值影响农户主观福利效应关系中存在中介作用。

H5b：垃圾分类行为在感知价值影响农户客观福利效应关系中存在中介作用。

2.3.5.2　垃圾治理行为在政府支持影响农户福利效应中的中介效应机理分析

"政府支持影响农户参与环境治理的福利水平"问题的研究，大致可以分为"促进论"和"抑制论"两种观点。"促进论"指出，政府支持通过颁布法律、政策等规制路径，促进环境治理行为的福利效应，只有不断地加强政府规制，环境治理带来的外部效益才能持续发展。"抑制论"则认为政府支持无法实现资源最优配置和有效监管，从而抑制环境治理的福利效应，产生负外部性，且政府规制的规模狭义性容易导致环境治理的福利水平的"二元"分化路径，将小农参与环境治理排斥在政府的支持体系之外。综上所述，两种观点的争论在于政府支持是否会影响农户参与环境治理的福利效应。实际上，政府支持对农户个体行为具有显著的促进作用，进而有利于提升其福利水平。

政府支持等外在情境因素除了直接影响农户参与垃圾治理的福利效应水平之外，还存在一定程度上的间接作用机制。政府通过制定相应的政策、提供资金以及公共物品供给等方式参与到农户的垃圾治理活动中，而农户因为来自政府的外部支持，其参与垃圾治理的行为概率得到提升，进而影响其垃圾治理的福利效应。

基于此，本书提出以下假设：

H6：垃圾分类行为在政府支持影响农户的福利效应关系中存在中介作用。

H6a：垃圾分类行为在政府支持影响农户主观福利效应关系中存在中介作用。

H6b：垃圾分类行为在政府支持影响农户客观福利效应关系中存在中介作用。

2.4　本书总体分析框架构建

本书的基本研究逻辑为基于政府支持及感知价值的双重视角，研究农户

的垃圾治理行为。基于此，基于计划行为理论建立了本书的研究主线，即
"农户参与垃圾治理的行为意向（意愿）—农户参与垃圾治理的行为决策
（行为）—农户参与垃圾治理的福利（行为结果）"。其中，行为意向为农户
的分类意愿、支付意愿及分类模式选择意愿，行为决策为农户是否参与了垃
圾治理，参与垃圾治理的福利作为行为结果具化为主观福利及客观福利。综
合前述的影响机理分析及研究假设的提出，基于计划行为理论、价值信仰理
论、动机理论构建了本书的总体研究分析框架（见图 2-4）。

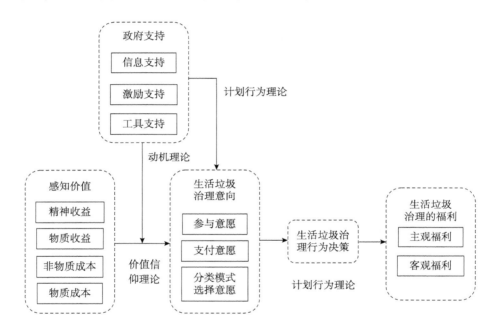

图 2-4　总体分析框架

2.5　本章小结

本章在界定政府支持、感知价值、农村垃圾治理等内涵的基础上，从公
共物品、政府规制、环境行为、动机及效用等方面阐释了本书的理论基础。
本书认为农户垃圾治理行为是理性农户基于参与垃圾治理的收益与成本权衡
下的理性选择行为，同时，在中国的情境下，由于城市、农村地区公共物品

供给的非均衡性普遍存在，农村地区垃圾治理的公共物品普遍缺乏的现状下，内在因素感知价值对农户垃圾治理行为影响效应受到外部政府支持水平的调节。基于此，本章以价值信仰理论、计划行为理论以及动机理论分析并构建了感知价值影响农户垃圾治理行为的理论框架、政府支持影响农户垃圾治理行为的理论框架以及政府支持在感知价值影响农户垃圾治理行为关系的调节作用的理论框架。最后，为了进一步验证垃圾治理研究的后端，即福利效应的影响机理，建立了垃圾治理行为在政府支持、感知价值影响农户福利效应中的中介效应理论框架。

3 农村垃圾治理特点与
农户垃圾治理行为特征分析

中国农村的散居方式加剧了农村垃圾治理的客观困难。而缺乏系统规划的村庄分布导致农村地区基础设施缺乏，尚未形成完善的收集、运送、回收体系。农户以往的"随手丢弃"的垃圾处理习惯导致了农村垃圾治理的主观困难。本书旨在探究农户垃圾治理行为的影响因素及作用机理。因此，本章将介绍农村垃圾治理的特点，并以样本区域的数据为基础，从农户参与垃圾分类的意向、参与垃圾分类的行为决策分析陕西农村生活垃圾治理的行为特征。

3.1 农村垃圾治理的特点

3.1.1 农村垃圾的特点

受城乡二元经济结构的影响，我国城市与农村发展极不平衡，经济实力差距较大，这决定了农村垃圾治理与城市垃圾治理也存在一定的差异。首先，垃圾收集转运的难度大。目前农村的垃圾总量和人均产出量均低于城市，我国大部分农村村屯之间或乡镇之间相距较远，垃圾在空间上具有分布广且较为分散的特点；相反城市居民居住较为集中，垃圾在空间分布上也相对集中，农村垃圾收集转运的难度比城市大。其次，垃圾来源不同。农村垃圾和城市垃圾的来源均可分为生活垃圾和生产垃圾，但农村垃圾中有部分垃圾由城市转移而来。因此，乡村地区存在"大树进城，垃圾下乡"的现象，城市生活垃圾处理率在60%左右，为了解决城市的垃圾，大量未经任何处理的城市垃圾被随意清运转移、倾倒或堆放到农村地区，农村已成为城市的天然垃圾场，进而加剧了农村生态环境和人居环境的破坏。最后，生产垃圾是农村垃圾与城市垃圾的最大差异。农村生活垃圾虽然在组成上与城市生活垃圾相似，但是在构成比例上存在一定的差异，一部分农村随着城镇化进程的推进和经济社会的不断发展，生活垃圾的成分比例已接近城市垃圾。农村生活垃圾和城市生活垃圾均可分为厨余垃圾、可回收垃圾、有毒垃圾、其他垃圾四大类。然而我国城乡二元经济结构的主要特征为城市经济以现代化的大工业生产为主，而农村经济以典型的小农经济为主，我国农村生产垃圾主要以种植业垃圾和养殖业垃圾为主。其中，种植业垃圾是农村生产垃圾的主体部分，包括废弃的农产品、农膜、农药瓶、杂草等，养殖业垃圾主要是畜禽的粪便。部分农村地区存在工业垃圾，主要包括燃料废渣、废弃工业材料等。具体看来，特征如下：

（1）农村垃圾数量庞大。改革开放以来，我国社会经济飞速发展，农村垃圾污染问题也随之显现出来。过去农村生活条件较为艰苦，垃圾产量少，种类也较为单一。近年来，农村地区的经济发展和生活水平与城市间的差距在逐渐缩小，农村生活条件显著改善，农村地区的垃圾数量快速增长，种类也更为复杂。按照当前的农村地区人数，可以大概估算出农村地区每年的生活垃圾产生量约为2亿吨，年增长率高达10%。目前，我国农村处在繁荣发展的时期，垃圾产量也处在前所未有的"高峰期"。农村作为城市垃圾的"消解"地，承担了部分城市垃圾的处理，而由于垃圾不能及时地处理及清理，导致目前农村地区垃圾存量巨大。落后的垃圾处理技术及垃圾处理服务也导致农村地区生活垃圾的消纳能力存在明显不足，农村垃圾的存量及增量都在显著增加。未得到及时处理的垃圾随意丢弃在房前、屋后、路边河畔。经济欠发达的地区和偏远山区，仍然面临垃圾围村、围户的困境。

（2）农村垃圾危害大。传统的农村垃圾主要以有机生产、生活垃圾为主，而随着现代工艺技术在农业中的应用，近年来，塑料地膜、农药的大规模使用，使农村垃圾中的有毒、有害成分在增加。与此同时，随着农村居民消费水平的显著提高，农村消费结构也发生了显著的变化，废弃塑料水瓶、塑料袋、玻璃制品、废旧电器、电子产品、电池等废弃物成为农村垃圾的主要组成部分。有毒有害和难以降解的垃圾成分越来越多也是农村垃圾变化的一大特点。尤其是塑料制品的使用，对农村环境的影响越来越大。生活中塑料袋代替了过去的纸袋、布袋，广泛被农村居民使用。生活用品的包装也多以塑料包装为主，据统计，每年废弃塑料就占垃圾总量的15%以上。同时由于农用地膜的使用以及大棚技术的推广，大量农业残留塑料造成的"白色污染"也相当严重，每年遗留农村的废弃塑料达1000万吨左右。由于塑料制品难以降解，塑料垃圾堆积成山，或者被随意丢弃和直接焚烧，造成恶劣的环境污染。同时，农户习惯于将农药瓶直接埋在乡间地头，或者直接丢弃在耕地里，不仅污染环境，也容易导致土壤以及地下水的污染。

3.1.2 农村垃圾投放过程的特点

（1）垃圾分类程度低。垃圾分类是垃圾处理过程的起始端，也是有效减少垃圾投放量的根本方法，其目的之一是从源头上实现减量化。目前垃圾分类已逐步成为世界潮流，不仅发达国家重视垃圾分类，在发展中国家，垃圾分类也成为必然的趋势。我国垃圾分类才刚刚起步，和发达国家相比，还有相当大的差距，总体上大部分地区未分类或简单地进行分类。农村大多将垃圾分成3~5个类别。其中，主要包括的类别有可回收垃圾、不可回收垃圾、有毒有害垃圾和可堆肥垃圾，符合我国农村生活垃圾的组成现状。具备垃圾焚烧能力的农村还设有可燃垃圾的类别，做到了因地制宜。但相比于发达国家，我国农村垃圾的分类显得较为简单。以日本为例，日本是一个资源匮乏的国家，资源的再生利用可以说是这个国家的主题，其垃圾主要分为可燃垃圾、不可燃垃圾、资源类垃圾、粗大垃圾和有害类垃圾5大类，在这5类的基础上，不同地区还有更详细的划分。横滨市将原有5大类细分为10类，并给每个市民发了长达27页的手册，其条款有518项之多；德岛县上胜町镇更是把垃圾分为44类，相较而言，我国农村垃圾的分类任重道远。

（2）农户垃圾分类意识淡薄。自 2017 年起，住建部在农村地区选出 100 个县市实施垃圾分类试点工作，实际上，在住建部推行垃圾分类试点工作前，部分农村地区已经尝试垃圾分类。在调研的过程中发现，当被询问"谁应是解决垃圾问题的主体？"时，部分农户认为政府应承担垃圾治理的主要责任。学者在研究垃圾分类行为时发现，农村地区普遍存在高参与意愿、低分类行为的现象（陈绍军等，2015；许增巍等，2016）。说明农户的垃圾分类意愿以及行为存在明显的悖离。在参与垃圾分类过程中，农户表示理解垃圾分类的重要性，但是对相关垃圾分类的知识以及手段不完全清楚。有的农户受长期的生活习惯所影响，虽然政府配备了分类工具，仍出现不按要求投放垃圾的情况。总体来说，农户对垃圾分类的意识淡薄。但我国农户素来都有勤俭节约的良好习惯，能够变卖的废品都会自行收集起来卖钱，如果加以引导和经济补偿，在农村实施垃圾分类也并非难事。

（3）分类执行效果不理想。目前，农村垃圾分类以"三分法""四分法"两种分类方法为主：按照可回收垃圾、有害垃圾、厨余垃圾、其他垃圾四类进行分类；或归为三大类：可回收垃圾（包括可回收生活垃圾和农业投入品废弃物）、有害垃圾、其他垃圾（主要是不可回收生活垃圾）。目前，农村分类的执行效果并不理想的主要原因是，很多村庄缺乏分类之后的后续处理设施，如沼气池、野外堆肥池建设，加之长期生活习惯的影响，生活垃圾目前还处于直接投放后集中处理的初级状态，有大部分可回收利用物和可发酵有机物混于其中，极大地增加了后期转运和处理的压力。

3.1.3　垃圾收集与转运过程的特点与现状

（1）未形成有效的垃圾收运体系。目前来看，农村地区尚未形成有效的垃圾收运体系，收运经费缺乏，村民环境意识落后，致使农村垃圾难以集中。首先，生活垃圾以混合收集为主。由于我国农村地区普遍没有建立健全的垃圾分类制度，垃圾收集主要以混合收集的方式收集于垃圾箱或垃圾池中。这种收集方式使所收集的垃圾成分复杂，不宜直接处理，尤其是一些有毒有害的垃圾混入其中，极易对环境造成二次污染。若要达到垃圾直接处理的效果，则需要在垃圾处理之前对垃圾进行分拣，而分拣工作必然造成一定程度上的人力、物力的支出，而根据目前收运经费缺乏的现状，致使农村地区短时间内难以实现垃圾处理的预分拣。其次，生活垃圾收运覆盖率低。我国农村生活垃圾收运覆盖率低是普遍现象，无论是经济发达地区还是经济欠发达的地区。

（2）基础设施滞后。农村垃圾一般由村内自行收集，大部分村子以敞开式垃圾池收集为主，部分配有一定数量的垃圾桶。垃圾收集设施普遍存在设置数量少、服务半径和位置设置不合理、设施缺失或损坏严重等问题。除了个别农村配备垃圾压缩车以外，大部分使用拖拉机、手推车、人力三轮车等敞开式的转运设施，垃圾没有经过压缩，运输效率低，在运输过程中易产生垃圾散落、污水滴漏和噪声污染等二次污染问题。此外，收运车辆陈旧损坏现象也十分严重。部分农村的道路未经硬化，达不到"户户通"，甚至"村村通"。收集运输的不便利成为建立农村垃圾收运体系的障碍，尤其在山区的村落。

3.1.4 垃圾终端处理特点及现状

（1）以填埋式处理为主，焚烧方式未广泛应用。垃圾处理的最终目的是实现垃圾的"减量化、资源化、无害化"。目前，我国农村垃圾处理水平总体上还比较低，主要有以下几个特点。首先，我国农村垃圾的主要处理方式为垃圾填埋处理，其次为垃圾堆肥处理。受生活垃圾混合收集的影响，垃圾焚烧效果差，运行成本难以负担，导致垃圾焚烧处理方式未在农村广泛应用。据统计，我国垃圾填埋场处置方式占生活垃圾处理处置设施的87.5%，但约50%的生活垃圾填埋场为简易填埋场，约30%为受控填埋场，卫生填埋的比例仅为20%。目前在已经实行集中处理的地方，垃圾收集存在混合收集和分类收集两种模式。混合收集与混合填埋、混合焚烧的处置方式相对应，城市的近郊农村一般为此模式。分类收集与分类处置、分散处理的处置方式相对应，距离城市较远的农村一般为此模式。

（2）无害化处理比例较低。垃圾处理的二次污染严重，面对日益增长的垃圾产生量，以填埋为主的农村地区已逐步暴露出其垃圾消纳能力不足的问题，部分地区由于土地资源有限垃圾已无处可埋，致使垃圾在村内随意堆放。堆肥处理是我国比较传统的垃圾处理方式，主要用于处理有机垃圾，如厨余垃圾、人畜粪便等，然而在我国农村生活垃圾不断复杂化的现状下，堆肥处理有其局限性。与发达国家相比，我国农村垃圾无害化处理水平相对较低。

（3）资源化处理程度较低。资源回收再利用率低也是垃圾处理环节的典型特点。农村生活垃圾的回收利用主要为废报纸、易拉罐、酒瓶等可售垃圾，一些有回收价值但不可出售的垃圾，如废金属、塑料等，则被大量丢弃。生活垃圾资源回收率低在很大程度上是因为我国生活垃圾混合收集的收集方式，这种收集方式导致生活垃圾需要再次分拣才能达到垃圾资源化，增加了资源回收的难度。在可回收利用的分组中，经济价值较好的如金属、橡胶回收率相对较高，而塑料部分的回收，回收价格较高的大棚塑料薄膜，比一般的地膜、塑料袋、农药瓶等回收效果要好。同时，缺乏有效的回收渠道，也是导致资源化程度低的原因之一。在农村的经济欠发达地区，大多数废品回收市场主要依靠个体户回收，简单分拣打包发往集散处理中心。乡镇、村的回收网点建设严重滞后，分类不系统，没有中转站，可回收垃圾资源化利用出现断层，造成可回收垃圾均价低、转运成本高，没能实现垃圾应有的价值和效益。少有的经济发达地区构建了比较完整的回收网络。回收渠道不畅、回收体系不健全也是目前资源化处理面临的现实困境。

3.2 数据来源及样本基本特征

3.2.1 数据来源

依据 2017 年住建部公布的《住房城乡建设部办公厅关于开展第一批农村生活垃圾分类和资源化利用示范工作的通知》，本书选取陕西省全国垃圾分类试点县（市），具体包括西安市的高陵区、渭南市的大荔县以及安康市的岚皋县为调研地区。课题组于 2018 年 4—5 月在上述试点区域开展了实地调研，问卷内容包括农户基本特征、农户感知价值、村庄环境因素、农户垃圾治理认知与态度及村里实施垃圾治理措施及政府支持等方面。首先，通过查阅大量的文献，构建了关键指标点；其次，在高陵区内进行了小范围的预调研，将无效的以及区分度较差的问题进行了完善，形成了最终调研问卷。为了能在最低的成本下取得最完善的问卷信息，组织调研人员进行问卷内容的培训，确保调研过程中，调研人员能够帮助农户充分理解和配合问卷调研。问卷调研采用面对面的访谈形式，一份问卷的调研时间大概为一个小时。

为保证调研质量，调查步骤如下：一是调研采用分层随机抽样方法，充分考虑调研区域的经济水平、垃圾分类试点开展的时间、距离县城的远近程度等，分别在高陵区、大荔县、岚皋县，每个县选取 3 ~ 4 个镇，每个镇选取 2 ~ 3 个样本村，在每个样本村随机选择 20 ~ 25 个样本，最终调研了 11 个镇，共计 31 个样本村。本次调研回收问卷 700 份，剔除缺失信息太多以及存在异常值的样本，最终有效问卷为 672 份，有效率为 96.0%。其中，高陵区共回收样本 136 份，大荔县共回收样本 212 份，岚皋县共回收样本 324 份，陕西中部与南部的样本比率近似 1:1。在回收样本中，试点区域样本 387 份，非试点区域样本为 285 份。本书样本具有较好的代表性，具体体现如下：一是陕西为西部农业大省，常住人口有 3800 多万人，其中 46% 的常住人口生活在农村地区。因此，陕西省的农村具有典型性。二是 2017 年住建部公布了第一批，共计 100 个农村生活垃圾分类和资源化利用示范村，本书选取陕西省内试点的西安市的高陵区、渭南市的大荔县、安康市的岚皋县为研究样本。通过试点区域的大样本调研，以了解垃圾分类试点的现状以及存在的问题，试点区域的样本有利于了解西部农村垃圾分类的现状，尤其是陕西农村的垃圾治理状况。且由于处于试点区域，因此垃圾治理行为具有一定的区分度。

3.2.2 样本基本特征

3.2.2.1 受访农户的基本特征分析

从表 3 - 1 中可知，受访农户的男女比率接近 1:1，其中男性受访农户人数为 322 人，占比 47.92%，女性受访农户人数为 350 人，占比 52.08%；从年龄分布来看，年龄在 18～29 岁的农户共 40 人，占比 5.95%，年龄在 30～39 岁的农户共 94 人，占比 13.99%。年龄在 40～59 岁的农户共计 363 人，共计 54.01%，占总受访农户的一半以上，其中 60 岁以上老人占比 26.04%，受访农户的平均年龄为 50.4 岁，这与中国农村目前的老龄化的现状是相符的。[①] 受访农户中党员占比 8.63%，非党员农户占比 91.37%。受访农户中户主为 303 人，占比 45.09%，非户主为 369 人，占比 54.91%，受访农户中 97.17% 为已婚农户。从受教程度来看，小学及以下文化水平的农户占比 37.95%，具有大专及以上高等学历的农户占比为 3.87%。平均受教育年限为 7.5 年，说明受访农户的受教育程度偏低，普遍在初中及以下学历，这与目前中国农村人口的教育现状相符。表 3－1 中农户基本特征的统计结果说明，受访者为趋于老龄化、且受教程度偏低的农户。

表 3－1　样本农户的基本特征

指标	类别	频数	比率（%）	指标	类别	频数	比率（%）
性别	女	350	52.08	是否为户主	否	369	54.91
	男	322	47.92		是	303	45.09
年龄	18～29 岁	40	5.95	婚姻状况	未婚	19	2.83
	30～39 岁	94	13.99		已婚	653	97.17
	40～49 岁	157	23.36	学历	文盲	77	11.46
	50～59 岁	206	30.65		小学	178	26.49
	60 岁及以上	175	26.04		初中/技校	282	41.96
是否为党员	否	614	91.37		高中/中专	109	16.22
	是	58	8.63		大专及以上学历	26	3.87

3.2.2.2　受访农户的家庭特征

由表 3－2 的统计结果可知，在 672 个受访样本中，家庭人口数在 2 人及以下的占比 7.74%，人数在 3～4 人的为 234 户，占 34.82%，家庭人口数量分布最多的为 5～6 人，占比达 44.64%，家庭平均人口数为 4.87 人；

---

① 依据国际标准，当一个国家或者地区的 60 岁以上人口占比达到 10% 以上，则意味着这个国或者地区已经进入老龄化。第六次人口普查结果显示，农村 60 岁以上人口占比 14.98%。

从家庭劳动力数量统计结果分析，受访农户普遍家中劳动力数量为 2～3 人，占总受访农户的 62.95%，三人以上的共计 181 户，占比 26.93%；从务工所在地分析，县内务工人家庭大于县外务工家庭数，随着农村产业的不断完善，在县内务工的人数逐步提高；从家庭纯农劳动人数统计结果分析，家庭纯农劳动力人数在 1～2 人的共计 310 户，占比 46.13%，纯农劳动力农户与非纯农劳动力户比值将近 1:1；可见受访区域的纯农家庭数量不高，普遍存在兼业或者非农就业。从家庭的年总收入水平分析，4 万元及以下的家庭共计 259 户，占比 38.54%；收入水平在 4 万～8 万元之间的家庭共计 236 户，占比 35.12%；收入水平在 8 万～12 万元以及 12 万元以上的家庭分别为 14.88% 以及 11.46%，家庭平均总收入为 65200 元，人均收入为 13288 元。根据陕西省 2018 年统计年鉴显示①，陕西省 2017 年中高收入组人均可支配收入为 13562.8 元。垃圾分类试点区域多选在经济发展水平较好的地区，统计结果符合样本区域的基本收入特征。受访家庭中，被认定为贫困户的家庭为 76 户，占比 11.31%，非贫困户占比 88.54%，贫户数据占比结果也可以得出，垃圾分类地区的总体经济水平较高，农户收入水平超过平均值，达到中高等收入水平。

表 3－2　样本农户的家庭基本特征

指标	类别	频数	比率（%）	指标	类别	频数	比率（%）
家庭人口数	1～2	52	7.74	家庭纯农劳动人数	3～4 人	39	5.80
	3～4	234	34.82		5～6 人	1	0.15
	5～6	300	44.64		6 人以上	0	0.00
	6 以上	86	12.80	家庭收入水平	4 万元及以下	259	38.54
家庭劳动力数	0～1	68	10.12		4 万～8 万元	236	35.12
	2～3	423	62.95		8 万～12 万元	100	14.88
	3 以上	181	26.93		12 万元以上	77	11.46
家庭纯农劳动人数	0 人	322	47.92	是否为贫困户	否	595	88.54
	1～2 人	310	46.13		是	76	11.31

① 统计数据来源于陕西省统计局，http：//tjj. shaanxi. gov. cn/。

3.3　农户垃圾治理行为特征分析

3.3.1　农户垃圾治理意向的特征分析

3.3.1.1　调研区域采用的垃圾分类模式

目前，试点区域采用的垃圾分类模式并未统一，有二分模式（可循环垃圾、不可循环垃圾）、三分模式（可降解垃圾、有毒垃圾、其他垃圾）、四分模式（厨余垃圾、可回收垃圾、有毒垃圾、其他垃圾）。在调研的 672 份样本中，试点区域样本为 387 份，非试点区域样本为 285 份，非试点区域的样本占总样本的 42.41%。在试点区域的 387 份样本中，采用二分模式地区的样本占比 31%，采用三分模式地区的样本占比 8%，采用四分模式地区的样本占 19%，即在本书的分类样本中，调研区域采用最多分类模式的是二分法，其次是四分法，最后是三分法。具体的数值详见图 3 - 1。2017 年国家展开农村地区的垃圾分类试点，由于国家并未强制规定试点区域的垃圾分类模式，试点区域结合自身的经济发展水平及农户的接受程度，制定了相应的垃圾分类

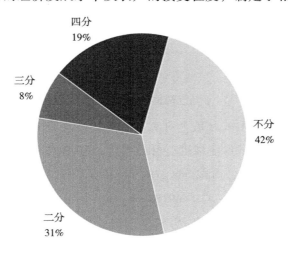

图 3 - 1　调研区域垃圾分类模式构成

模式，出现了多种分类模式并存的现象。其中，四分模式占比较高的高陵地区，其开展垃圾分类的时间较长，且当地政府给予了充分的垃圾基础设施配备，因此，试点区域采用的垃圾分类模式还与垃圾分类试点实施时间长短，以及政府给予的相应支持密切相关。

3.3.1.2 调研区域农户垃圾分类模式选择意愿

图 3－2 为农户垃圾分类模式意愿的调研结果，通过询问农户"如果进行垃圾分类，愿意选择哪种模式"，在 672 份样本中，408 户农户选择二分模式进行垃圾分类，占总比率的 60.71%，203 名农户选择三分模式，占比 30.21%，61 名农户选择四分模式，占比 9.08%。从农户分类模式选择意愿可以看出，农户分类模式选择倾向于简单的二分模式，说明目前调研区域农户的分类模式选择意愿并不强烈。

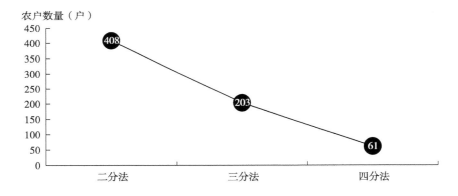

图 3－2　调研区域垃圾分类模式选择意愿构成

为了探究垃圾分类试点是否对农户的垃圾分类模式选择意愿产生影响，我们将试点区域与非试点区域进行分样本统计（见图 3－3），试点区域二分模式选择人数为 209 人，占试点区域的 54.01%，非试点区域二分模式选择人数为 199 人，占非试点区域的 69.82%；试点区域的三分模式选择比率为 33.85%，高于非试点区域的 25.56%；试点区域的四分模式选择占比为 12.14%，高于非试点区域的 4.91%，从均值来看，试点区域的垃圾分类模式选择意愿的均值为 1.60，而非试点区域的垃圾分类模式选择意愿的均值为

1.41，试点区域均值显著高于非试点区域，表明垃圾分类试点促进了农户选择更为精细的垃圾分类模式。

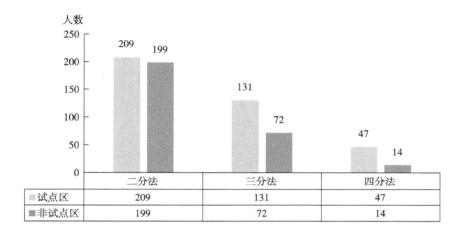

人数	二分法	三分法	四分法
试点区	209	131	47
非试点区	199	72	14

图3-3　试点与非试点区域垃圾分类模式选择

进一步分析发现，四分模式实施集中的高陵区，其选择二分法的比率较高，占高陵区总样本的63.97%，大荔县选择二分模式的样本占大荔县总样本的42.65%，岚皋县选择二分模式的样本占岚皋县总样本的71.08%。说明相比其他两个区域，岚皋县样本更愿意选择较简单的二分模式。大荔县选择四分模式及三分模式的样本占比超过了50%，其次为高陵区，最后为岚皋县。从男女比例来看，三种分类模式并无显著差异，选择二分模式的占比为60%左右，选择三分模式的占比为30%左右，选择四分模式占比为10%左右。从年龄层次分析，30～39岁之间样本，选择二分的比率最高，占比70.21%，接下来是60岁及以上年龄层，选择二分模式的比率达66.29%，40～49岁和50～59岁相较其他组别选四分模式较多。从受教育程度来看，三种模式选择的差异性相对较小，各受教育层次样本农户选择二分模式占比从58.81%到65.38%，三分模式在22%～32%，与总样本持平。从收入水平分析，随着家庭年总收入水平的提高，农户选择二分模式的比率呈上升趋势，即收入水平越高，选择二分模式的农户占比越高。其中，收入水平在12万元以上的农户，其选择二分模式的比率达67.53%，同时，此收入层次的样本农户选择四分模式比率仅为4.57%，远远低于其他收入层次。收入水平在 4 万~8 万元、8 万~12 万元的农户，其选择二分模式的样本农户占比分别为 61.86%、62.00%。说明随着收入的增加，农户选择更细致细分模式的意愿降低（见表 3-3）。

表 3-3　垃圾分类模式选择的基本特征

类别	指标	二分法		三分法		四分法	
		频数	比率（%）	频数	比率（%）	频数	比率（%）
调研区域	高陵区	87	63.97	49	36.03	0	0.00
	大荔县	90	42.65	85	40.28	36	17.06
	岚皋县	231	71.08	69	21.23	25	7.69
性别	女	209	59.71	106	30.29	35	10.00
	男	199	61.80	97	30.12	26	8.07
年龄	18~29 岁	23	57.50	14	35.00	3	7.50
	30~39 岁	66	70.21	20	21.28	8	8.51
	40~49 岁	93	59.24	46	29.30	18	11.46
	50~59 岁	110	53.40	72	34.95	24	11.65
	60 岁及以上	116	66.29	51	29.14	8	4.57
受教育程度	文盲	48	62.34	17	22.08	12	15.58
	小学	108	60.67	55	30.90	15	8.43
	初中/技校	165	58.51	89	31.56	28	9.93
	高中/中专	70	64.22	34	31.19	5	4.59
	大专及以上学历	17	65.38	8	30.77	1	3.85
收入水平	4 万元及以下	148	57.14	82	31.66	29	11.20
	4 万~8 万元	146	61.86	69	29.24	21	8.90
	8 万~12 万元	62	62.00	30	30.00	8	8.00
	12 万元以上	52	67.53	22	28.57	3	3.90

3.3.1.3　调研区域农户垃圾分类支付意愿

通过询问农户"是否同意为了垃圾分类而支付额外的垃圾处理费用"，在 672 份样本中，愿意支付的样本共计 443 份，占样本的 65.92%，不愿意支付的占 34.08%，样本统计结果表明，如果实施垃圾分类，大部分农户愿意为垃圾分类支付相应的费用。从试点和非试点区域分析，在垃圾分类试点区域，其"愿意支付"的农户比率占71.58%，高于总样本的65.92%，而非试点区域的"愿意支付"比率为58.25%，低于总样本的"愿意支付"比率；从"不愿意支付"比率分析，试点区域的"不愿意支付"的农户比率占28.42%，低于总样本的34.08%，而非试点区域的比率为41.75%，高于总样本的比率。通过上述数据的统计分析可以看出，垃圾分类试点对农户的支付意愿具有促进作用。

从调研的区域分析，大荔县的支付意愿比率最高，其次是岚皋县，最后是高陵区。具体来看，大荔县农户愿意为垃圾分类支付额外费用的占比高达78.30%，而高陵区愿意支付的农户比率与不愿意支付的农户比率近似为1∶1。从性别数据分析，男性的支付意愿高于女性的支付意愿，70.19%的男性愿意为垃圾分类支付额外的费用，而38.00%的女性不愿意为垃圾分类支付额外的费用。从年龄分布来看，40～49岁年龄段的支付意愿最高，达73.25%，50～59岁及以上的农户支付意愿最低，占比60.19%，60岁以上的农户支付意愿占比为62.29%，与50～59岁年龄段接近；18～29岁、30～39岁两个年龄段的支付意愿差异较小。从受教育程度分析，高中/中专学历的农户支付意愿最高，占比74.31%，其次是初中/技校学历，支付意愿最低的是文盲学历，其愿意支付的农户与不愿意支付的农户比率近似为1∶1，文盲组、小学组与大专及以上学历组支付意愿较低，分别为53.25%、58.43%、61.54%。说明文化层次最低以及文化层次最高的农户表现出较低的支付意愿。从收入水平分析，随着收入水平的增高，其愿意为垃圾分类支付额外费用的农户占比逐渐升高，具体来看，收入在12万以上的农户，其不愿意支付的农户显著高于愿意支付的农户，家庭年收入组为4万元及以下，其愿意支付的农户与不愿意支付的农户比率分别为69.88%及30.12%，4万～8万元以及8万～12万元的农户，其支付意愿显著高于不愿意支付意愿，详见表3-4。

表3-4　垃圾分类支付意愿的基本特征

项目	指标	愿意支付		不愿意支付	
		频数	比率（%）	频数	比率（%）
是否试点	试点区域	277	71.58	110	28.42
	非试点区域	166	58.25	119	41.75

项目	指标	愿意支付		不愿意支付	
		频数	比率（%）	频数	比率（%）
调研区域	高陵区	72	52.94	64	47.06
	大荔县	166	78.30	46	21.70
	岚皋县	205	63.27	119	36.73
性别	女	217	62.00	133	38.00
	男	226	70.19	96	29.81
年龄	18～29 岁	29	72.50	11	27.50
	30～39 岁	66	70.21	28	29.79
	40～49 岁	115	73.25	42	26.75
	50～59 岁	124	60.19	82	39.81
	60 岁及以上	109	62.29	66	37.71
受教育程度	文盲	41	53.25	36	46.75
	小学	104	58.43	74	41.57
	初中/技校	201	71.28	81	28.72
	高中/中专	81	74.31	28	25.69
	大专及以上学历	16	61.54	10	38.46
收入水平	4 万元及以下	181	69.88	78	30.12
	4 万～8 万元	169	71.61	67	28.39
	8 万～12 万元	73	73.00	27	27.00
	12 万元以上	20	25.97	57	74.03

为了进一步了解农户的支付意愿，对于有支付意愿的农户，问卷采用开放式的询价方式，询问了农户能够接受的最高垃圾分类处理的支付数值，问卷将具体支付意愿划分为五个层次：36 元/年、60 元/年、96 元/年、120 元/年、120 元/年以上，具体的统计情况见图 3－5。具体来看，存在支付意愿的 443 个样本中，支付意愿选择 120 元/年的农户共计 246 人，占比 55.53%，支付意愿选择 60 元/年的农户，其占比为 17.16%，排名第三的为 36 元/年的农户，占比 11.51%。120 元以上的农户占比仅为 7.67%，以上统计数据说明将近 58% 的农户只接受 10 元/月以下（包括 0 支付）的垃圾分类处理费用。在

调研的区域，部分地区是不收取垃圾处理费用的。这一现状可能影响了农户的可接受的垃圾分类的支付意愿。

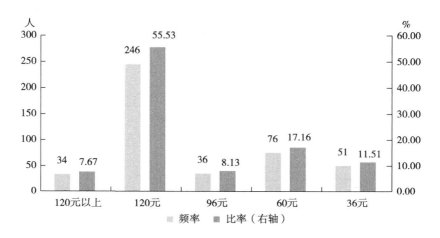

图 3 - 4　垃圾分类的支付意愿

同时，本书对于不愿意支付的 229 个样本农户的 0 支付原因进行了进一步的追问，问卷设置了题项"不愿意为垃圾分类作出货币支持的原因是（可多选）"，其中，有 105 人认为这是政府的事情；自己不应该承担费用，50 人虽然认为与自己有关，但没有支付能力；52 人表明更愿意以其他方式支付，如提供有价值的垃圾、劳动力等；7 人表明垃圾分类目标没有达到自己的预期，不愿意支付；25 人认为目前现状就很好，不用治理；26 人怀疑垃圾分类制度是否能执行，不愿意支付；36 人不确定，政府会不会将这笔资金用于或完全用于垃圾分类处理工程上；12 人选择了其他。通过上述统计分析可以看出，不愿意支付的原因中，将近 50% 的样本农户认为垃圾分类是政府的责任，因此不愿意支付。

3.3.2　农户垃圾治理行为决策的特征分析

农户垃圾治理决策行为主要是通过"在日常的生活垃圾处理中，您是否进行了垃圾分类？0 = 否；1 = 是"进行测度。行为决策的基本特征详见表 3 - 5。在调研的 672 份样本中，进行垃圾分类的样本为 308 份，占总比率的 45.80%。未进行垃圾分类的样本为 364 份，占比为 54.20%。

表3-5 垃圾分类行为决策的基本特征

项目	指标	已分类		未分类	
		频数	比率（%）	频数	比率（%）
是否试点	试点区域	206	53.23	181	46.77
	非试点区域	102	35.79	183	64.21
调研区域	高陵区	95	69.85	41	30.15
	大荔县	44	20.75	168	79.25
	岚皋县	169	52.16	155	47.84
性别	女	153	43.71	197	56.29
	男	155	48.14	167	51.86
年龄	18~29岁	22	55.00	18	45.00
	30~39岁	39	41.49	55	58.51
	40~49岁	83	52.87	74	47.13
	50~59岁	90	43.69	116	56.31
	60岁及以上	74	42.29	101	57.71
受教育程度	文盲	37	48.05	40	51.95
	小学	83	46.63	95	53.37
	初中/技校	134	47.52	148	52.48
	高中/中专	46	42.20	63	57.80
	大专及以上学历	8	30.77	18	69.23
收入水平	4万元及以下	131	50.58	128	49.42
	4万~8万元	113	47.88	123	52.12
	8万~12万元	40	40.00	60	60.00
	12万元以上	24	31.17	53	68.83

从试点和非试点区域分析，垃圾分类试点区域，其参与分类的农户比率占53.23%，高于总样本的45.80%，而非试点区域的参与分类比率为35.79%，低于总样本的参与分类比率；从未参与分类比率分析，试点区域的未参与分类的农户比率占46.77%，低于总样本的54.20%，而非试点区域的比率为64.21%，高于总样本的比率。通过上述数据的统计分类可以看出，垃圾分类试点对农户的分类行为决策具有促进作用。

从调研的区域分析，高陵区参与垃圾分类的农户比率最高，其次是岚皋

县，最后是大荔县。具体来看，高陵区农户参与垃圾分类的占比高达
69.85%，大荔县未参与垃圾分类的比率高达79.25%。从性别数据分析，男
性参与分类的比率略高于女性，具体来看，48.14%的男性参与垃圾分类，而
56.29%的女性未参与垃圾分类。从年龄分布来看，18~29岁及40~49岁年
龄段的参与比率高于非参与比率，分别达55.00%、52.87%，30~39岁、
50~59岁以及60岁以上的农户参与比率比较低，分别为41.49%、43.69%、
42.29%。从受教育程度分析，大专及以上学历的农户参与比率最低，仅占
30.77%，文盲的参与比率最高，达48.05%，高于平均值，其次是初中/技校
学历。由此可以看出，随着文化层次的提升，农户参与垃圾分类的行为是降
低的。从收入水平分析，随着收入水平的增高，农户参与垃圾分类的水平呈
下降趋势，具体来看，收入在12万元以上的农户，其参与垃圾分类的比率仅
为31.17%，具有较高的参与分类比率的收入层次为家庭年收入4万元及以下
以及4万~8万元的农户，其参与比率分别为50.58%及47.88%。说明，随
着收入的提高，农户的参与垃圾分类的比率呈下降趋势。

3.4　本章小结

本章首先从农村垃圾治理的投放过程、收集转运过程以及终端处理过程
总结了农村垃圾治理的特点；其次，以本书的调研区域的农户为研究对象，
分析了样本数据的基本特征；最后从垃圾治理的意向、垃圾治理的行为决策
对陕西农户生活垃圾治理的行为进行了特征分析。通过特征分析发现，总体
来看，农户具有较强的分类意愿，较低的分类行为，即出现了常见的高意愿
低分类行为的情况。在模式选择上，农户更倾向于选择较简单的垃圾分类模
式，农户垃圾治理行为在垃圾分类的试点区域与非试点区域具有显著的区别。

4 政府支持与感知价值测度及特征分析

4.1 政府支持测度及特征分析

4.1.1 政府支持指标体系的构建

政府支持是促进垃圾分类的外在情境因素，政府作为垃圾分类的主导者，在垃圾治理的顶层设计，相关政策的制定，建立配套的激励措施，对农户的环境治理素养培育等方面发挥着关键作用（杜欢政和宁自军，2020）。农户是垃圾治理的主体，是负责源头减量化、执行垃圾分类的主体。农户的参与程度决定了垃圾分类治理的成败，在现实中，农户由于缺乏主动的垃圾治理意愿，需要政府通过垃圾治理制度的建立以及垃圾分类的推广服务以提升农户的参与意识，提升农户垃圾治理的相关知识，并明确农户在垃圾治理中的责任和义务。基层政府因地制宜地建立激励制度、约束机制对农户的垃圾治理行为进行奖惩，以确保农户在垃圾治理中的履约行为。同时，政府作为公共物品的主要供给方，其通过提供便利的垃圾处理设施，提供垃圾治理资金帮助村庄实施垃圾分类等治理活动。

政府支持作为促进垃圾分类的外在情境因素，具体包括政府提供垃圾分类设施，激励制度和激励手段以及政府的推广活动等（唐林等，2019；Ankinée，2017；孟小燕，2019）。研究表明，政府通过发放宣传册、教育宣传等推广手段有助于参与者意识到自己在垃圾分类中的义务，实施长期的垃圾分类行为（陈绍军等，2015）。追逐物质利益是人们行为动机、行为决策的动因、根源及目的。作为理性经济人的农户，其目前仍处于追逐"经济理性"

的阶段，因此，农户会为了追逐经济上的理性而忽略生态上的理性。目前，农户虽然对垃圾治理的"生态价值"有一定的认知，但其在追逐经济提升的过程中，完全放弃了生态价值的诉求。根据现阶段农村地区的经济发展水平，农户从"经济理性"转变到"生态理性"仍需经历较长的时间。在此过程中需要基层组织深入开展环境相关的宣传教育以培育农户的环境关注，激发其追逐"生态理性"。信息支持从"垃圾分类的宣传频率""垃圾分类相关技术培训"进行测度。

在目前的经济发展水平下，农户作为理性经济人，其缺乏主动参与垃圾治理的动力，因此，农村地区的垃圾治理仍然是一个强制性制度，通过"自上而下"的制度规定，推动分类政策的实施。因此，政府还必须通过建立有效的激励约束机制来引导农户的垃圾治理行为，以组织协调各方参与主体实现帕累托最优。研究表明，现金奖励或礼品的发放等引导性的经济激励手段有助于提高人们垃圾分类的积极性（Beatrice 和 Jussi，2019）。基于此，本书将激励支持从"垃圾分类的奖品激励""垃圾分类的奖惩制度的建立""垃圾分类的补贴"进行测度。

当政府未配备分类垃圾桶等基础设施时，由此导致的不便因素会阻碍参与人垃圾分类意愿及行为（Knussen 等，2004；Thi 等，2019）。政府作为农村垃圾治理的主要推动者，其负责大部分公共物品的供给，政府从垃圾治理的前端分类、中端运输到终端处置环节负责了资金的供给以及基础设施的配备。因此，本书从垃圾处理设施等基础设施的配备情况，以及资金的投入力度进行测度。

依据已有文献回顾以及第二章中对政府支持的定义，政府支持的信息支持、激励支持、工具支持三个维度具体测度指标如下，表4-1对三个维度、共计7个识别问题进行了描述性统计分析。

表4-1　政府支持测度变量描述性统计结果

二级指标	识别问题及赋值	均值	标准差	最小值	最大值
信息支持	您所在的村开展垃圾分类政策宣传工作的频率（1＝从不　2＝偶尔　3＝经常）	2.226	0.789	1	3
	您所在的村庄开展垃圾分类相关垃圾治理的技术培训的频率（1＝从不　2＝偶尔　3＝经常）	1.909	0.590	1	3

续表

二级指标	识别问题及赋值	均值	标准差	最小值	最大值
激励支持	您所在的村庄是否会发放小礼品鼓励农户进行垃圾分类（0 = 否　1 = 是）	0.292	0.455	0	1
	您所在的村子是否为垃圾分类制定了表彰或惩罚办法（0 = 否　1 = 是）	0.426	0.495	0	1
	您所在的村子是否对参与垃圾分类的农户进行补贴（0 = 否，1 = 是）	0.281	0.450	0	1
工具支持	您所在的村庄配备了充足的垃圾处理设施（包括分类垃圾桶、垃圾回收车、垃圾集中回收点等基础设施）（1 = 完全不符合　2 = 比较不符合　3 = 中立　4 = 比较符合　5 = 非常符合）	3.040	1.772	1	5
	您所在的村庄为垃圾分类投入了充足的资金（1 = 完全不符合　2 = 比较不符合　3 = 中立　4 = 比较符合　5 = 非常符合）	3.170	1.623	1	5

4.1.2　政府支持指标体系的测度

4.1.2.1　测度方法 Cov – AHP

20 世纪 70 年代以来，学者开始将层次分析法用于复杂系统的层次化决策分析中，通过决策过程中定性和定量影响因素，建立判断矩阵、排序计算、一致性检验等得到具有说服力的最终排序。随着层次分析法的广泛应用，层次分析法的方法也不断地演化、完善。具有代表性的包括网络层次分析法、模糊层次分析法、层次灰色分析法等。虽然这一系列的方法的产生极大地丰富了层次分析法的方法体系以及理论研究，但是这些方法没有从根本上解决权重主观性的问题，使层次分析法的一致性检验难以达到要求，判断矩阵的构造存在困难，甚至结果不令人信服（杜栋，2000）。基于此，谢忠秋（2015）指出，可以通过 Cov – AHP 的方法，以协方差矩阵为基础，通过判断矩阵解决层次分析中主观确定标度这一问题。此方法具有两个典型优点：一是简单的判断矩阵构造，二是不需要专家根据自己经验进行权数的确定，同时，此方法得到客观的唯一结果和排序。因此，本书采用 Cov – AHP 方法进行政府支持指标的建立。

Cov－AHP首先以各要素本质特征值形成协方差矩阵；其次，通过变化构造出能反映各个要素相对重要性的判断矩阵；再次，通过权重和特征值计算出上一层次的特征值；最后，根据权数进行综合排序。Cov－AHP具体步骤如下：

（1）明确问题。

首先，对系统的构成要素、范围进行界定，确定系统的各个层级，以及层级的隶属关系。其次，根据上述构建的指标体系，将政府支持界定为三个维度即工具支持、激励支持、信息支持，共计选取了7个可观测变量测度政府支持。

（2）建立层次结构。

基于以上分析。按照方案层（可观测变量）、准则层（政府支持的二级指标）、目标层（政府支持总指标），政府支持具体的层次结构划分见图4－1。

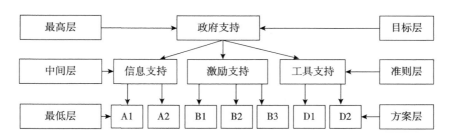

图4－1　政府支持层次结构

（3）根据指标数据，计算协方差矩阵。

表4－2　政府支持的协方差矩阵

要素	A1	A2	B1	B2	B3	D1	D2
A1	C_{11}	C_{12}	C_{13}	C_{14}	C_{15}	C_{16}	C_{17}
A2	C_{21}	C_{22}	C_{23}	C_{24}	C_{25}	C_{26}	C_{27}
B1	C_{31}	C_{32}	C_{33}	C_{34}	C_{35}	C_{36}	C_{37}
B2	C_{41}	C_{42}	C_{43}	C_{44}	C_{45}	C_{46}	C_{47}
B3	C_{51}	C_{52}	C_{53}	C_{54}	C_{55}	C_{56}	C_{57}
D1	C_{61}	C_{62}	C_{63}	C_{64}	C_{65}	C_{66}	C_{67}
D2	C_{71}	C_{72}	C_{73}	C_{74}	C_{75}	C_{76}	C_{77}

其中，C_{ij}表示第i行要素与第j列要素之间的协方差，且$C_{ij} = C_{ji}$。

（4）变换协方差矩阵，构造判断矩阵。

首先，变换为相对协方差矩阵。假设相对协方差矩阵的值为a_{ij}用各列协方差C_{ij}除以对角线的上协方差C_{ii}，即$a_{ij} = \dfrac{C_{ij}}{C_{ii}}$，将上述协方差矩阵转换为相对协方差矩阵。转换后，相对协方差矩阵的对角线为1。其次，构造判断矩阵。假设构造矩阵的第i行，第j列的值为b_{ij}，则$b_{ij} = \dfrac{a_{ij}}{\sqrt{a_{ij} \times a_{ji}}}$，对于$a_{ji}$，则$b_{ji} = \dfrac{a_{ji}}{\sqrt{a_{ij} \times a_{ji}}}$或$b_{ji} = \dfrac{1}{b_{ij}}$。最后，得到构造判断矩阵。矩阵中$b_{ij} > 0$；对角线$b_{ii} = 1$，且$b_{ij}$与$b_{ji}$互为倒数，详见4-3。

表4-3　政府支持的判断矩阵

要素	A1	A2	B1	B2	B3	D1	D2
A1	1	b_{12}	b_{13}	b_{14}	b_{15}	b_{16}	b_{17}
A2	b_{21}	1	b_{23}	b_{24}	b_{25}	b_{26}	b_{27}
B1	b_{31}	b_{32}	1	b_{34}	b_{35}	b_{36}	b_{37}
B2	b_{41}	b_{42}	b_{43}	1	b_{45}	b_{46}	b_{47}
B3	b_{51}	b_{52}	b_{53}	b_{54}	1	b_{56}	b_{57}
D1	b_{61}	b_{62}	b_{63}	b_{64}	b_{65}	1	b_{67}
D2	b_{71}	b_{72}	b_{73}	b_{74}	b_{75}	b_{76}	1

（5）计算权数。

依据层次分析法原理，各要素的权数向量为判断矩阵B的最大特征根。根据方根法，最大特征根即各要素的权数向量计算步骤如下：

第一，计算每一行元素的积S_i，$S_i = \prod\limits_{j=1}^{n} b_{ij}$，$(i = 1,2,\cdots,7)$；

第二，求各行S_i的n次方根，即$\omega_i' = \sqrt[n]{S_i}$；

第三，对ω_i'做归一化处理，得到要素的权数$\omega_i = \dfrac{\omega_i'}{\sum\limits_{j=1}^{j=n} \omega_i'}$。

4.1.2.2　政府支持的权重测度结果

采用Cov-AHP测算出的感知价值权重如表4-4所示，具体来说，信息支持的权重为 30.39%，引导性政策支持为 58.05%，工具支持为 11.56%，说明政府支持的三个维度中，激励对政府支持的贡献率最大，其次是信息支持，最后是工具支持。

表 4 - 4 政府支持的权重

项目		观测量	权重（%）	
政府支持	信息支持	A1	42.78	30.39
		A2	57.22	
	激励支持	B1	34.13	58.05
		B2	31.37	
		B3	34.50	
	工具支持	D1	47.81	11.56
		D2	52.19	

4.1.3 政府支持特征分析

4.1.3.1 政府支持总维度与分维度总体特征分析

根据上述权重结果，表 4 - 5 汇总了政府支持总维度及分维度的值的描述性统计结果，其中，政府支持总维度的均值为 1.174，表明政府对农村的垃圾分类治理提供了一定基础设施建设，设立了配套的激励措施，以及对垃圾分类进行了推广服务。信息支持是通过"垃圾分类政策宣传工作的频率"，以及"开展垃圾分类相关垃圾治理的技术培训的频率"进行测度。信息支持为政府提高农户垃圾治理意识，降低农户垃圾分类的知识壁垒提供的推广服务及技术培训等。描述性统计表明信息支持维度的均值为 2.045，标准差为 0.634，经进一步分析数据发现，在样本数据中，有 43% 的样本区未开展垃圾分类的宣传活动，其中，开展区域内有 68.38% 的农户表示参与过垃圾分类的相关推广服务，而 31.62% 的农户表示未参与垃圾分类的培训。在参加垃圾分类推广服务的农户中，接受 1~2 次推广服务的农户占比 48.74%，3~4 次的农户占比 29.65%，5~6 次的农户占比为 15.08%，6 次以上的为 4.52%，总体的平均次数为 3.19 次，从推广形式来看，通过问卷中"您接受过哪些形式的与垃圾分类相关的推广服务？（1 = 入户宣传；2 = 流动宣传；3 = 集中宣传）"统计。排名第一的形式为集中宣传，其次为入户宣传，最后为流动宣传。从宣传的形式来看，通过问卷中"主要宣传形式?"统计，调研区域推广服务的宣传形式主要为发放宣传册、技术指导以及村宣传栏三种方式。最后为进一步了解农户对推广服务的评价，问卷中设计了"您对政府的垃圾分类推广服务（培训）的评价?（1=非常不满意；2=比较不满意；3=一般；4=比较满意；5=非常满意）"。评价的均值为4.24，说明总体上样本农户对政府提供的垃圾分类的推广服务（培训）是满意的。对于未开展垃圾推广服务地区的农户，继续追问："如果开展垃圾分类的推广服务您愿意参加吗?"。五级量表统计结果表明农户参与推广服务的均值为4.21，超过80%的农户表现了较高的参与意愿，这一指标与上述实际开展推广服务的样本农户参与情况存在差异，这一差异体现了农户参与垃圾分类培训意愿与行为的悖离的现象，而悖离现象在农户参与垃圾分类的过程中表现出高参与意愿与低行为的悖离。

表4-5　政府支持总维度与分维度描述性统计

项目	均值	标准差	极小值	极大值
政府支持总维度	1.174	0.500	0.420	2.070
信息支持维度	2.045	0.634	1.000	3.000
激励支持维度	0.330	0.332	0.000	1.000
工具支持总维度	3.108	1.665	1.000	5.000

蒋培（2019）指出，基于权力的"惩罚"机制是"劝导"农民进行垃圾分类而不可或缺的控制手段，在农村地区，内部各种非正式的惩罚机制优于正式的法律处罚。如排名机制的奖惩制度，以及经济惩罚等。因此，激励支持是通过询问"您所在的村庄是否会发放小礼品鼓励农户进行垃圾分类""您所在的村子是否为垃圾分类制定了表彰或惩罚办法""您所在的村子是否对参与垃圾分类的农户进行补贴"进行测度。描述性统计表明激励支持维度的均值为0.330，标准差为0.332。进一步分析农户对激励支持的认知发现，95.68%的农户认为奖励可以提高其垃圾分类的积极性，92.71%的农户认为垃圾分类的惩罚制度有助于提高其参与垃圾治理的行为，61.75%的农户认为垃圾分类的惩罚制度比垃圾分类的奖励制度更具有促进作用。90.48%的农户表明如果政府或者企业对可腐垃圾进行补贴，则愿意参与可腐垃圾的回收。

进一步追问其希望补贴的形式，65.97%的农户选择现金补贴，15.97%的农户选择实物补贴（化肥、礼品等），18.06%的农户表示两者都可，77.24%农户选择按年补贴，22.76%农户选择按量补贴。通过农户视角的激励支持需求可以看出，农户认同激励支持对农户垃圾治理行为的约束作用，且政府提供的物质激励有助于提高农户的垃圾分类意愿及需求。

完整的垃圾治理包括前端的垃圾分类，中端的运输、回收、堆肥以及末端的填埋、焚烧。长期以来，重城市轻农村的城乡二元环境治理政策实施导致农村环境治理普遍存在着治理资金投入不足、治理设施匮乏（杜欢政和宁自军，2020），因此，外部工具支持的提升能够降低农户内化的成本分担。由此，工具支持通过"村庄配备垃圾处理设施的充裕程度""垃圾分类投入资金的充裕程度"进行测度。描述性统计结果表明工具支持维度的均值为3.108，标准差为1.665。进一步分析农户对工具支持的认知发现，农户普遍认为分类垃圾桶上的分类标识、垃圾分类指导员、政府提供的分类垃圾回收（桶）或堆放点有助于提高其垃圾分类的积极性。77.38%的农户表示，若分类后的垃圾被村、镇混装运输，将不再进行垃圾分类。

4.1.3.2 样本县的政府支持及分维度特征比较分析

表4-6报告了三个区域、两两分组的独立样本t检验结果。从统计结果可以看出，大荔县政府支持总维度的均值高于总体样本均值，岚皋县政府支持总水平低于均值，高陵区政府支持总水平接近于总样本的均值，t值检验结果表明高陵区与大荔县、高陵区与岚皋县不存在显著差异，而大荔县政府支持水平显著高于岚皋县（显著性水平为5%），且中部地区显著高于南部地区（显著性水平为1%）。

表4-6 政府支持的综合指数与分维度指数样本县之间比较

所在区/县	统计量	政府支持总指数	信息支持指数	激励支持指数	工具支持指数
高陵区 （n=136）	平均值	1.171	2.054	0.378	2.821
	标准差	0.649	0.813	0.436	1.697
	最小值	0.420	1.000	0.000	1.000
	最大值	2.070	3.000	1.000	5.000

续表

所在区/县	统计量	政府支持总指数	信息支持指数	激励支持指数	工具支持指数
大荔县 ($n=212$)	平均值	1.230	2.190	0.283	3.460
	标准差	0.365	0.356	0.300	1.586
	最小值	0.420	1.000	0.000	1.000
	最大值	1.900	3.000	1.000	5.000
岚皋县 ($n=324$)	平均值	1.139	1.940	0.348	3.006
	标准差	0.502	0.681	0.311	1.667
	最小值	0.420	1.000	0.000	1.000
	最大值	2.020	3.000	1.000	5.000
均值比较	高陵区与大荔县	-0.061 (-1.117)	-0.145 ** (-2.309)	0.100 *** (2.584)	-0.637 *** (-3.550)
	高陵区与岚皋县	0.032 0.562	0.114 1.546	0.029 0.816	-0.186 -1.084
	大荔县与岚皋县	0.092 ** (2.309)	0.259 *** (5.144)	-0.071 *** (-2.654)	0.451 *** (3.120)
	中部与南部	0.069 * (1.781)	0.202 *** (4.172)	-0.032 (-1.225)	0.202 (1.576)

注：采取的是独立样本 t 检验进行均值比较，括号内为对应的 t 值，*、**、*** 分别表示在 10%、5% 和 1% 的统计水平上显著。

从政府支持的分维度特征值分析，大荔县、高陵区的信息支持均值高于总样本均值，岚皋县低于总样本均值，两两分组比较分析表明，大荔县信息支持显著高于高陵区、岚皋县（显著性水平分别为 5%，1%），同时中部地区（高陵区和大荔县）显著高于南部地区（显著性水平为 1%）。从激励支持维度分析，高陵区和岚皋县的激励支持均值高于总体样本的均值，而大荔县低于总样本的均值。两两分组的 t 值表明，高陵区、岚皋县地区的激励支持显著高于大荔县（显著性水平分别均为 1%），高陵区与岚皋县、中部与南部不存在显著差异。工具支持维度分析，大荔县的工具支持均值高于总样本平均值，而高陵区、岚皋县低于总样本平均值。具体地，大荔县的工具支持均值高于高陵区及岚皋县（显著性水平均为 1%），高陵区与岚皋县、中部与南部不存在显著差异。

从标准差分析,高陵区政府支持的综合指数与分维度指数波动显著,两两分组的独立样本 t 检验结果表明,大荔县政府支持总维度与高陵区接近;大荔县的信息支持及工具支持显著高于高陵区、岚皋县;而高陵区的激励支持水平最高,其次是岚皋县,大荔县最低,且高陵区、岚皋县激励水平显著高于大荔县;中部与南部地区在政府支持总维度和信息支持的分维度存在显著差异。通过以上比较分析可以看出,三个地区的政府支持总体水平、三个分维度的支持水平存在显著差异。

4.1.3.3 试点与非试点区域的政府支持及分维度特征比较分析

政府在农村垃圾分类试点中承担了主导作用,因此,政府支持程度显著受垃圾分类政策是否实施的影响,为了进一步分析政府支持的特征,对样本进行了试点区域与非试点区域的比较分析。根据表 4 - 7 统计结果可知,试点区域的政府支持总指数显著高于非试点区域(在 1% 统计水平上显著相关,差值为 0.909)。分维度统计结果表明,试点区域的信息支持、激励支持、工具支持水平显著高于非试点区域,差值分别为 0.888、0.464、3.191(均在 1% 统计水平上显著相关)。上述统计结果表明,试点与非试点区域的政府支持水平存在显著差异,具体表现在政府对试点区域提供的推广服务、配套的激励措施以及提供的技术支持、资金投入等方面显著高于非试点区域。

表 4 - 7 政府支持的综合指数与分维度指数试点与非试点比较

所在地区	统计量	政府支持总指数	信息支持指数	激励支持指数	工具支持指数
试点区 (n = 387)	平均值	1.560	2.421	0.529	4.465
	标准差	0.224	0.329	0.294	0.648
	最小值	1.070	2.000	0.000	1.480
	最大值	2.070	3.000	1.000	5.000
非试点区 (n = 285)	平均值	0.651	1.533	0.065	1.273
	标准差	0.211	0.594	0.156	0.303
	最小值	0.420	1.000	0.000	1.000
	最大值	1.160	2.570	1.000	3.000
均值比较	试点与非试点	0.909 *** (53.243)	0.888 *** (24.721)	0.464 *** (24.252)	3.191 *** (77.137)

4.2 农户感知价值测度及特征分析

4.2.1 农户感知价值指标体系的构建

感知价值起源于心理学家亚当斯的公平理论，该理论主要考虑个体对某种产品的需求及产品带来的服务体验，后来学术界将此概念拓展到经济学各个领域。Zeithaml（1998）从权衡性角度分析感知价值，认为其是个体感知某种产品效用带来的感知收获和感知付出的总体评价。Lim（2006）从整合视角，将感知价值作为对金钱或非金钱的成本收益的考量。而王莉等（2014）则将感知价值划分为环境价值、特色价值、服务价值、管理价值、知识教育价值和成本价值。盖豪等（2020）认为，感知价值是感知收益与感知付出的权衡，并将感知价值从感知有用性、感知费用水平及感知易用性三个视角、五个维度进行了测度。垃圾治理具有公共物品管理属性，农户是垃圾治理的直接参与人，也是垃圾治理的直接受益人，而公共物品的正外部性导致每个参与者可以通过"搭便车"行为享有垃圾治理带来的收益，而不主动参与其中。因此，作为理性经济人，只有当农户参与垃圾治理的感知收益大于感知成本时，其才会主动参与诸如垃圾分类等垃圾治理活动。依据效用理论，本书将垃圾治理的农户感知价值划分为感知收益和感知成本。

4.2.1.1 感知收益

感知收益具体指个体在参与垃圾分类时的利得，是一种主观的感受（Pieters 等，1986），包括参与垃圾分类个体获取的环境、身心健康、声誉等非物质收益（精神收益），也包括个体收到礼品或货币等物质收益（Shalom 和 Schwartz，1992；Kirstin 和 Anita，2016）。已有研究表明个体对垃圾分类价值认同程度越高，其参与分类的程度也会越高。依据价值信仰理论，个体对垃圾分类产生的环境价值、利己价值、利他价值的认同对垃圾分类意愿有显著的正向影响（María 等，2012；Piyapong 和 Chaweewan D，2016）。环境价值也称为生态价值，它代表了个体对整个生态圈的关注，是行为与生态圈相关程度的评估（Natalia 等，2012）。利他主义代表了一个人对他人幸福的关心，体现了对他人福祉的关心程度（Jillian 和 Geoffrey，2001）。利己主义代表了参与人对自己福祉的关心程度（Susanne 和 Susann，2010）。国内学者发现，由于农村社会是一个熟人社会，个人或家庭的声誉诉求也会显著影响垃圾处理的意愿和行为（蒋培，2019；樊博等，2018；唐林等，2019），声誉收益衡量了农户参与垃圾分类后受到其他村民的认同程度（蒋培，2019）。

除了上述非货币化的精神收益外，蒋磊等学者证实了农户感知政府给予的废弃物资源化补助越高，利用意愿也越强（蒋磊等，2014），同时交投废品的物质收益对垃圾分类意愿有显著正向影响（Doan 等，2019）。即参与者对分类行为的物质收益感知越高，分类的态度就越积极，越有可能参与垃圾分类（徐林等，2017；Sanchez 等，2016）。

4.2.1.2　成本感知

感知成本具体指个体参与垃圾分类过程中的损失或支出（Ankinée，2017；闵师等，2019），包括垃圾分类过程中所耗费的时间、精力、学习等非物质成本，也包括支出货币或实物而导致的物质成本（Kirstin 和 Anita，2016）。研究发现，个体对垃圾分类过程中产生的感知成本会降低其对垃圾分类的认同，从而影响到其垃圾分类的意愿及行为（樊博等，2018；Lee 等，2017）。与普通的垃圾处理相比，垃圾分类相对复杂的分类过程必然引起个体的精力耗费，导致分类的积极性大幅降低（Lee 等，2017）。同时，垃圾分类知识的掌握，会导致农户学习成本的增加，阻碍其参加垃圾分类的积极性，而个体分类的偏好必须与所花费的时间进行权衡。已有研究表明，家庭对垃圾分类的偏好与垃圾处理的时间存在显著的统计关系（Doan 等，2019；Domina 和 Koch，2006）。除了非物质成本外，当个体为垃圾分类支出一定的垃圾分类处理费用或支付一定的垃圾处理设施费时，其参加垃圾分类的意愿和行为显著地降低（Thi 等，2019）。

上述研究成果表明，当垃圾分类过程对农户来说感知到占用时间时，农户的垃圾分类意愿会大幅度降低。垃圾分类方法是一个相对复杂的过程，正确地进行垃圾分类投放需要农户进行相关知识的学习及掌握相关的技能，因此，当农户难以掌握垃圾分类的知识以及技巧时，其垃圾分类的意愿及行为会降低。垃圾分类过程中，农户不仅要在家庭中进行垃圾分类，还需要将可回收垃圾交到集中回收点，在此过程中，可能会造成农户的体力成本增加，此成本也会导致非物质成本的增加。与非物质成本相比，农户参与垃圾分类的过程中，需要使用一定的分类设施，可能导致垃圾治理成本上升，而成本的上升可能导致农户的垃圾处理费上升，增加了农户的物质成本感知。综上所述，农户在参与垃圾分类过程中，需付出时间成本、学习成本、精力成本等非物质成本，同时因为农户在参与垃圾分类过程中，承担了一定的垃圾分类基础设施以及服务费用的成本分摊，由此，农户参与垃圾分类的成本还应该包括物质成本。基于此，本书将农户参与垃圾分类的感知成本定义为农户在参与垃圾分类过程中，需付出时间成本、学习成本、精力成本等非物质成本，同时因为农户在参与垃圾分类过程中，承担了一定的垃圾分类基础设施以及服务费用的成本分摊，因此，垃圾分类成本还应该包括物质成本。

本书从四个维度设计感知价值的指标体系，并最终筛选 13 个测量题项进行感知价值综合水平测度。基于前人研究成果及分析，本书将从精神收益和物质收益两个指标测度感知收益。其中，精神收益从环境收益视角、利己视角、利他视角、声誉诉求四方面进行测度。物质收益指标以垃圾分类后农户能够获取的货币收益或以奖券、小礼品等形式存在的实物奖励，将厨余垃圾等可腐败垃圾用于家禽的饲养或施肥可以降低养殖或种植成本的隐性收益进行测度。所有的收益指标均用五级量表（1 = 非常不同意，2 = 比较不同意，3 = 中立，4 = 比较同意，5 = 非常同意）。

感知成本的非物质成本从农户参与生活垃圾分类过程付出的时间成本、体力成本以及学习成本进行测度；物质成本通过农户在垃圾分类过程中产生的垃圾处理费用、设置垃圾临时堆放点以及准备分类垃圾桶的物质支出进行测量。详细的测量指标见表 4 - 8。

表 4 - 8　感知价值指标体系描述性统计

二级指标		识别问题	均值	标准差	最小值	最大值
感知价值	精神收益	垃圾分类对生态环境是非常有益的（SB_1）	4.632	0.678	1	5
		垃圾分类可以增强自己的环境精神（SB_2）	4.571	0.676	1	5
		垃圾分类对其他村民是非常有益的（SB_3）	4.521	0.699	1	5
		参与垃圾能显著提升本人的声誉评价（SB_4）	4.493	0.712	1	5
	物质收益	政府奖励垃圾分类而发放的礼品或现金奖励可以激励你进行垃圾分类（MB_1）	4.512	0.756	1	5
		可回收垃圾出售的收益可以激励你进行垃圾分类（MB_2）	4.381	0.755	1	5
		厨余垃圾等可腐败垃圾用于家禽的饲养或施肥可以降低养殖或种植成本（MB_3）	4.344	0.760	1	5
	非物质成本	垃圾分类是一件浪费时间的事情（SC_1）	2.205	1.321	1	5
		垃圾分类是一件耗费体力的事情（SC_2）	3.973	1.241	1	5
		垃圾分类的相关知识、分类技术对你是难以掌握的（SC_3）	4.001	1.217	1	5
	物质成本	设置垃圾临时堆放点会导致额外的支出（MC_1）	2.155	1.241	1	5
		垃圾分类会导致你每月上缴的垃圾处理费上涨（MC_2）	2.213	1.314	1	5
		准备分类垃圾桶会增加你的额外支出（MC_3）	2.762	1.394	1	5

4.2.2　农户感知价值指标体系测度

4.2.2.1　测度方法

选择因子法主要基于以下两点考虑：首先，从感知价值测量指标分析，因子分析法将多个指标变量，通过变量间的相关性，归结为少数几个综合指标，以达到降维及简化的一种统计分析方法，降维（简化）后的少数因子涵盖原有变量的大多数信息，但彼此独立。本书的主变量感知价值，包含了较多的指标变量，因子分析法可以对感知价值的测量指标进行降维，并通过因子分析法，计算出感知价值总维度及分维度值。其次，从已有研究成果分析，感知价值测度通常使用因子分析法进行测度（盖豪等，2020；徐林等，

2017）。基于以上两点，选择因子分析法是比较合适的。

具体步骤如下：设感知价值有 n 个测量题项，分别为 $x_1,x_2,x_3,\cdots,x_n$ ，假设每个变量有 $m(m < n)$ 个因子 $fac_1,fac_2,fac_3,\cdots,fac_n$ 的线性组合构成，即

$$\begin{cases} x_1 = \alpha_{11}fac_1 + \alpha_{12}fac_2 + \cdots + \alpha_{1k}fac_k + \varepsilon_1 \\ x_2 = \alpha_{21}fac_1 + \alpha_{22}fac_2 + \cdots + \alpha_{2k}fac_k + \varepsilon_2 \\ \qquad\qquad\qquad\cdots \\ x_n = \alpha_{n1}fac_1 + \alpha_{n2}fac_2 + \cdots + \alpha_{nk}fac_k + \varepsilon_n \end{cases} \qquad (4-1)$$

其中，α_{ij} 为变量 x_i 与公因子 fac_i 之间的相关系数，也被称为因子载荷，反映了两者之间的相关程度，α_{ij} 值越接近 1，表明两者之间的相关性越强。ε_i 为随机误差项，代表其他的影响因素。因此，式（4-1）表示为 $X_i = AFac + \varepsilon$，其中 Fac 为公共因子，A 为载荷矩阵。

4.2.2.2　信度与效度检验

（1）信度检验。

信度与效度检验是问卷质量判定的两大指标，信度与效度的检验值决定了调查问卷设计的合理性及数据的可靠性。克隆巴哈系数（Cronbach's Alpha）及因子载荷是检测信度及有效性的常用指标。克隆巴哈系数是检验信度的一种方法，1951 年由李·克隆巴哈提出。克隆巴哈系数是衡量心理或教育测验可靠性的常用方法，它克服了部分折半法的缺点，依据公式估量被测量题项的内部一致性。作为信度的指标，是目前社会科学研究最常使用用的信度分析方法。在基础研究中，克隆巴哈系数至少应达到 0.80 才可接受，在探索性研究中，信度只要达到 0.70 就可接受，而低于 0.35 则必须予以拒绝。因子载荷系数表明了变量（测量题项）与公共因子的相关系数，一般认为大于 0.5 为可接受值。对感知价值的信度检验结果如表 4-9 所示，其结果表明，因子分析中 13 个题项的因子载荷均在 0.5 以上，最低为 0.634，说明题项是有效的，同时从克隆巴哈系数分析，四个二级指标的克隆巴哈系数均在 0.8 以上，说明问卷的信度较好。以上两个指标表明测量变量的收敛性较好。

表 4 - 9　信度与效度检验

	二级指标	识别问题及赋值	因子载荷	Cronbach's α	CR	AVEs
感知价值	精神收益	SB_1	0.634	0.880	0.548	0.828
		SB_2	0.758			
		SB_3	0.803			
		SB_4	0.757			
	物质收益	MB_1	0.839	0.882	0.657	0.852
		MB_2	0.823			
		MB_3	0.769			
	非物质成本	SC_1	0.878	0.863	0.683	0.864
		SC_2	0.663			
		SC_3	0.917			
	物质成本	MC_1	0.811	0.880	0.635	0.836
		MC_2	0.849			
		MC_3	0.725			

（2）效度检验。

AVE（Average Variance Extracted）方法及 CR（Construct Reliability）方法是效度检验的常用方法，其中 AVE 是"平均方差提取值"，衡量收敛效度，大于 0.7 为可接受；CR 是建构信度，反映了每个题项中所有题目是否一致性地解释公共因子，大于 0.5 为可接受值。通过表 4 - 9 的统计值可以看出，精神收益、物质收益、非物质成本、物质成本的 CR 值分别为 0.548、0.657、0.683、0.635，均大于临界值 0.5，AVE 值分别为 0.828、0.852、0.864、0.836，均大于临界值 0.7，两个指标表明测量变量均通过效度校验，说明问卷的效度较好。

4.2.2.3　因子分析适合度检验

在对调研问卷进行信度与效度检验的基础上，采用因子分析法构建受访农户感知价值水平测度指数。因子分析前，首先通过 KMO 值及近似卡方值对测度指标和调研数据是否适合进行因子分析检验。KMO 检验用于比较变量间简单相关性和偏相关性，取值在（0，1）之间。理论上，KMO 统计量越接近于 1，说明变量间的相关性越强，偏相关性越弱，因子分析的效果越好。在实际分析中，KMO 统计量在 0.7 以上时效果比较好；当 KMO 统计量在 0.5 以下时，则不适合应用因子分析法。Bartlett 检验用于检验相关矩阵中各变量间的相关性。检验结果显示 Sig. < 0.05（p 值 < 0.05）时，说明符合标准。具体统计结果见表 4 - 10，KMO 值为 0.797，Bartlett 球形度统计量在 1% 置信水平上显著，近似卡方值达到 5495.719，统计结果表明可以采用因子分析法对农户感知价值水平进行测度分析。

表 4 - 10　KMO 和 Bartlett 检验

KMO 取样适切性量数		0.797
巴特利特球形度检验	近似卡方	5495.719
	自由度	78
	显著性	0.000

4.2.2.4　因子提取结果

本书运用主成分分析法，通过提取特征值大于 1 的公因子，使用最大方差法，经过五次迭代后，旋转后提取出 4 个公因子，提取累计方差分别为 22.984%、18.906%、18.491%、18.276%，累计方差贡献率为 78.657%（见表 4 - 11）。

表 4 - 11　旋转后的成分矩阵

测度指标	Fac_1	Fac_2	Fac_3	Fac_4
SB_1	0.743	- 0.099	0.259	0.075
SB_2	0.830	- 0.074	0.250	0.026
SB_3	0.867	- 0.086	0.207	0.036
SB_4	0.849	- 0.033	0.186	0.028
MB_1	0.328	- 0.084	0.850	0.038
MB_2	0.231	- 0.027	0.873	0.082
MB_3	0.294	- 0.041	0.821	0.083
SC_1	0.057	- 0.003	0.176	0.831
SC_2	0.031	0.023	0.008	0.921
SC_3	0.042	- 0.045	0.001	0.899
MC_1	- 0.060	0.933	- 0.054	- 0.036

测度指标	Fac$_1$	Fac$_2$	Fac$_3$	Fac$_4$
MC$_2$	−0.039	0.954	−0.058	−0.050
MC$_3$	−0.128	0.802	−0.024	0.053
方差贡献率（%）	22.984	18.906	18.491	18.276
累计方差贡献率（%）	22.984	41.890	60.381	78.657

从表 4−11 统计结果可知，公共因子 Fac$_1$ 在"垃圾分类对生态环境是非常有益的（SB$_1$）""垃圾分类可以增强自己的环境精神（SB$_2$）""垃圾分类对其他村民是非常有益的（SB$_3$）""参与垃圾分类能显著提升本人的声誉评价（SB$_4$）"4 个测度指标上的因子载荷分别为 0.743、0.830、0.867、0.849，其载荷值均超过 0.5，方差贡献率为 22.984%，反映了农户对垃圾分类行为产生的精神收益感知，将其命名为精神收益。公共因子 Fac$_2$ 在设置垃圾临时堆放点会导致额外的支出（MC$_1$），垃圾分类会导致农户每月上缴的垃圾处理费上涨（MC$_2$），准备分类垃圾桶会增加你的额外支出（MC$_3$）三个测度指标上的因子载荷分别为 0.933、0.954、0.802，其载荷值均超过 0.5，方差贡献率为 18.906，反映了农户在垃圾分类过程中产生的物质支出感知，即物质成本。公共因子 Fac$_3$ 在"政府奖励垃圾分类而发放的礼品或现金奖励可以激励你进行垃圾分类（MB$_1$）""可回收垃圾出售的收益可以激励你进行垃圾分类（MB$_2$）""厨余垃圾等可腐败垃圾用于家禽的饲养或施肥可以降低养殖或种植成本（MB$_3$）"三个测度指标上的因子载荷分别为 0.850、0.873、0.821，其载荷值均超过 0.5，方差贡献率为 18.491%，反映了农户对垃圾分类行为产生的物质收益感知，即物质收益。公共因子 Fac$_4$ 在"垃圾分类是一件浪费时间的事情（SC$_1$）""垃圾分类是一件耗费体力的事情（SC$_2$）""垃圾分类的相关知识、分类技术对你是难以掌握的（SC$_3$）"三个测度指标上的因子载荷值分别为 0.831、0.921、0.899，载荷值均超过 0.5，方差贡献率为 18.276%，反映了农户在垃圾分类过程中产生的时间、学习以及体力上的成本支出，即非物质成本。

4.2.2.5　感知价值综合指数构建

根据感知价值四个公共因子的得分、方差贡献率，计算样本农户的感知价值因子总得分，计算公式如下：

$$PV = \frac{(22.984\, Fac_1 + 18.906\, Fac_2 + 18.491\, Fac_3 + 18.276\, Fac_4)}{78.657}$$

$$(4-2)$$

其中，PV 为感知价值因子总得分，Fac_i 分别代表四个公共因子。同时本书将感知价值进行标准化处理，构建感知价值指数 PVI

$$PVI_i = \frac{PV_i - \min PV_i}{\max PV_i - \min PV_i} \qquad (4-3)$$

其中，PVI_i 为第 i 个样本农民的感知价值指数，PV_i 为第 i 个样本农民的感知价值因子得分，$\min PV_i$、$\max PV_i$ 分别为样本农民感知价值因子得分的最小值、最大值。

4.2.2.6 感知价值分维度指数构建

除了感知价值综合指数构建，为进一步探索感知价值分维度对农户垃圾治理行为的影响，本书参照上述感知价值综合指数的构建方法，构建精神收益、物质收益、非物质成本与物质成本四个维度指数。

（1）精神收益维度指标。

公共因子 Fac_1 反映了样本农户参与垃圾分类时感知的精神收益，因此用 Fac_1 测度感知价值的精神收益，将 Fac_1 的因子进行标准化处理，构建精神收益指数（SBI）

$$SBI_i = \frac{Fac_{1_i} - \min Fac_1}{\max Fac_1 - \min Fac_1} \qquad (4-4)$$

（2）物质收益维度指标。

公共因子 Fac_3 反映了样本农户参与垃圾分类时获取的物质收益感知，因此用 Fac_3 测度感知价值的物质收益，将 Fac_3 的因子进行标准化处理，构建物质收益指数（MBI）

$$MBI_i = \frac{Fac_{3_i} - \min Fac_3}{\max Fac_3 - \min Fac_3} \qquad (4-5)$$

（3）非物质成本维度指标。

公共因子 Fac_4 反映了样本农户参与垃圾分类时付出的时间、体力、学习等非物质成本，因此用 Fac_4 测度感知价值的非物质成本，将 Fac_4 的因子进行标准化处理，构建物质收益指数（SCI）

$$SCI_i = \frac{Fac_{4_i} - \min Fac_4}{\max Fac_4 - \min Fac_4} \qquad (4-6)$$

（4）物质成本维度指标。

公共因子 Fac_2 反映了样本农户参与垃圾分类时付出可以用货币衡量的物质成本支出，因此用 Fac_2 测度感知价值的物质成本，将 Fac_2 的因子进行标准化处理，构建物质收益指数（MCI）

$$MCI_i = \frac{Fac_{2_i} - \min Fac_2}{\max Fac_2 - \min Fac_2} \qquad (4-7)$$

4.2.3 农户感知价值水平的特征分析

4.2.3.1 感知价值总指数与分维度的总体特征分析

表 4-12 汇总了感知价值综合指数及分维度指数的测度结果。其中，感知价值综合指数的均值为 0.646，表明感知价值的总体水平较高，说明农户对垃圾分类产生的感知价值是认可的。分维度指数统计结果表明，精神收益、物质收益、非物质成本、物质成本的指数均值分别为 0.773、0.773、0.589、0.416。精神收益指数表明农户对垃圾分类带来的环境收益，对自己环境保护精神的提升，对他人的益处以及参与垃圾治理提升自身在村中的声誉是认同的。物质收益指数表明在垃圾分类过程中，农户对收到的物质激励，比如垃圾分类的礼品，出售可回收垃圾获取的货币收益，以及厨余垃圾等可腐败垃圾用于家禽的饲养或施肥可以降低养殖或种植成本也是认同的。非物质成本指数表明，农户认同其进行垃圾分类时需耗费一定的时间、体力、学习等非物质成本，物质成本指数表明农户认为垃圾分类过程中产生的物质成本水平不高。因为在垃圾分类的试点区域，当地政府对于垃圾处理设施以及每月的垃圾处置费等相关支出给予了比较充分的支持。因此，农户感知的物质成本水平不高。对比物质成本及非物质成本的均值可以看出，样本农户的非物质成本感知高于物质成本感知。标准差可以看出，相比于收益，感知成本的样

85

本差异性较大，说明农户对垃圾分类的精神收益及物质收益认同度比较一致，而物质成本及非物质成本的认同存在一定的差异。

表 4-12　感知价值的综合指数与分维度指数描述性统计

指数	均值	标准差	极小值	极大值
感知价值总指数	0.646	0.140	0.000	1.000
精神收益指数	0.733	0.130	0.000	1.000
物质收益指数	0.733	0.148	0.000	1.000
非物质成本指数	0.589	0.255	0.000	1.000
物质成本指数	0.416	0.246	0.000	1.000

4.2.3.2　样本区域的感知价值及分维度特征比较分析

表 4-13 报告了三个样本区域农民感知价值整体、分维度水平以及三个区域两两分组的独立样本 t 检验结果。从数据统计结果可以看出，高陵区和大荔县样本感知价值平均水平高于总体样本均值，且关中地区的高陵区和大荔县感知价值水平比较接近，而岚皋县的感知价值平均水平低于总样本的均值，从 t 值分析，三个地区的感知价值总指标不存在显著的差异。从分维度特征值分析，岚皋县的感知精神收益高于总样本均值，高陵区和大荔县低于总样本均值，三个地区两两分组以及进行了中部地区和南部地区的分组比较。结果显示，高陵区、大荔县的精神收益均值分别在 5% 和 1% 的水平上显著低于岚皋县，同时中部地区（高陵区和大荔县）在 1% 的水平上显著低于南部地区。从物质收益分维度分析，高陵区和大荔县的物质收益均值高于总体样本的均值，而岚皋县，农户的物质收益均值低于总样本的均值。两两分组的 t 值表明，高陵区与大荔县的物质收益不存在显著差异，高陵区的物质收益显著高于岚皋县（在 10% 统计水平上显著），同样大荔县的物质收益显著高于岚皋县（在 1% 统计水平上显著），此结果在中部与南部样本比较中得到了验证。从非物质成本维度分析，高陵区和大荔县的非物质成本均值高于总样本平均值，而岚皋县低于总样本平均值，从标准差分析，三个地区的非物质成本感知均存在波动，其中波动最大的是大荔县，其次是高陵区，最后是岚皋县。两两分组的独立样本 t 检验均存在显著差异，具体地，高陵区的非物质成本均值高于大荔县及岚皋县（显著性水平分别为 5%，1%），大荔县显著高于岚

皋县（显著性水平为 1%），中部与南部的分组检验亦支持此结论。物质成本维度分析，高陵区的物质成本均值低于总样本的均值，大荔县的物质成本高于总体样本的均值，而岚皋县与总体样本的均值保持一致。从独立 t 检验结果分析，高陵区的物质成本显著低于岚皋县及大荔县（分别在 1% 及 10% 统计水平上显著）。

通过以上比较分析可以看出，三个地区的感知价值总体水平并无显著差异，但是在感知价值的四个分维度方面存在显著差异，且中部和南部地区也存在显著差异。

表 4 – 13   感知价值的综合指数与分维度指数的样本县之间比较

所在区域	统计量	感知价值总指数	精神收益指数	物质收益指数	非物质成本指数	物质成本指数
高陵区 （n = 136）	平均值	0.652	0.722	0.745	0.668	0.369
	标准差	0.157	0.134	0.143	0.279	0.242
	最小值	0.000	0.060	0.000	0.081	0.000
	最大值	1.000	0.994	0.986	0.984	1.000
大荔县 （n = 212）	平均值	0.655	0.717	0.750	0.603	0.446
	标准差	0.156	0.138	0.141	0.291	0.263
	最小值	0.105	0.000	0.210	0.000	0.113
	最大值	0.982	0.993	0.975	1.000	0.998
岚皋县 （n = 324）	平均值	0.638	0.749	0.716	0.546	0.416
	标准差	0.121	0.120	0.154	0.205	0.234
	最小值	0.130	0.188	0.076	0.000	0.083
	最大值	0.965	1.000	1.000	0.844	0.998
均值比较	高陵区与大荔县	− 0.004 （− 0.223）	0.005 （0.311）	− 0.006 （− 0.367）	0.065 ** （2.077）	− 0.077 *** （− 2.736）
	高陵区与岚皋县	0.014 （1.034）	− 0.027 ** （− 2.108）	0.028 * （1.826）	0.122 *** （5.194）	− 0.046 * （− 1.918）
	大荔县与岚皋县	0.018 （1.489）	− 0.031 *** （− 2.793）	0.034 *** （2.577）	0.056 *** （2.631）	0.030 （1.400）
	中部与南部	0.016 （1.509）	− 0.030 *** （− 2.982）	0.032 *** （2.776）	0.082 *** （4.224）	0.000 （− 0.022）

注：采取的是独立样本 t 检验进行均值比较，括号内为对应的 t 值，*、**、*** 分别表示在 10%、5% 和 1% 的统计水平上显著。

4.2.3.3　试点与非试点样本的感知价值及分维度特征比较分析

农户的感知价值受当地政府垃圾分类政策实施的影响，因此，为了进一步分析感知价值的特征，将样本进行了试点区域与非试点区域的感知价值特征分析的比较。根据表4-14统计结果可知，试点区域的感知价值总指数显著高于非试点区域（在1%统计水平上显著相关）。从分维度的分析，试点区域的精神收益指数、物质收益指数显著高于非试点区域（均在1%统计水平上显著相关），物质成本感知显著低于非试点区域（在5%统计水平上显著相关），非物质成本在试点区域与非试点区域之间没有显著的差异，说明试点显著提高了农户的感知价值。具体来看，通过试点，农户的感知价值得以提升，同时感知成本降低了。其可能的原因是在试点区域，政府会提供更为丰富的物质支持，如垃圾桶的配备、日常缴纳垃圾处理费用的补贴等，同时政府还会提供丰富的推广宣传工作，宣传垃圾分类的相关知识。为了激励农户进行垃圾分类，政府也会提供一定的实物或者现金的激励。因此，农户的感知价值得到了提升的同时，降低了农户的物质成本。

表4-14　感知价值的综合指数与分维度指数的试点与非试点区域间比较

所在地区	统计量	感知价值总指数	精神收益指数	物质收益指数	非物质成本指数	物质成本指数
试点区 （$n=387$）	平均值	0.660	0.745	0.750	0.600	0.399
	标准差	0.139	0.120	0.139	0.277	0.249
	最小值	0.105	0.127	0.000	0.000	0.083
	最大值	1.000	0.994	1.000	1.000	1.000
非试点区 （$n=285$）	平均值	0.628	0.717	0.709	0.573	0.439
	标准差	0.141	0.140	0.157	0.220	0.240
	最小值	0.000	0.000	0.076	0.005	0.000
	最大值	1.000	1.000	0.954	0.983	1.000
均值比较	试点与非试点	0.032 *** (2.924)	0.028 *** (2.824)	0.041 *** (3.557)	0.027 (1.350)	-0.040 ** (-2.098)

4.3　本章小结

本章从精神收益、物质收益、非物质成本、物质成本 4 个维度构建了感知价值的测度量表；从信息支持、激励支持和工具支持 3 个维度构建了政府支持的测度指标体系，基于样本区域的调研数据，使用 Cov - AHP 分析法、因子分析法测度并分析了政府支持、感知价值水平及特征。研究发现，政府支持、感知价值在试点区域与非试点区域存在显著的差异，同时三个试点县亦存在显著差异。

5 政府支持与感知价值
对农户垃圾治理意向的影响

5.1 问题的提出

垃圾治理是一个全球性的问题,特别对于发展中国家来说,尤为重要。随着中国城市化的进程的加快,快速增长的经济发展不可避免地导致农村环境问题日益严重(廖等,2018)。据统计,农村地区人口占总人口的45%以上,农村地区每日产生的垃圾数量可以达到每人0.86千克/天,而每年产生的垃圾量目前超过3亿吨。目前,与城市地区相比,农村地区受经济发展水平,以及公共物品供给不足的影响,缺乏足够的垃圾收集和处理设施,农村地区仍然存在垃圾围城等现象,加之农户随意丢弃垃圾的行为惯性导致了垃圾治理效果进一步恶化,甚至加剧了地下水污染、土壤退化等问题(Du等,2016)。目前,农村地区垃圾处理的方法主要以填埋为主。大量的垃圾存量以及广泛分布的垃圾数量不仅影响了农村的面貌,还增加了疾病传播的可能性,甚至威胁到农村人民的日常生活和健康。

已有研究表明,垃圾治理行为主要受两类因素影响,即外部因素和内部因素。外部因素包括政府颁布的政策、实施的监管和给予的物质支持等,内部因素则包括社会经济和社会心理等因素(Viscusi等,2011;Wan等,2014;Wan等,2017;Wong,2018)。垃圾治理的政策工具旨在通过禁止或限制个人排放的废弃物数量实现减量化、无害化和可循环化(Ankinée,2017)。政策手段作为外部影响因素之一,极大地影响了垃圾治理行为(Viscusi等,

2011；Wan 等，2015）。研究表明，垃圾治理的宣传活动，垃圾治理的基础设施以及垃圾分类的激励政策等情境因素有助于解释个体垃圾治理的意图和行为（Kemp 和 Pontoglio，2011；Wan 等，2018）。当基础设施不足时，人们的垃圾治理行为将受到影响。同样，当个人缺乏垃圾分类的相关知识时，其分类行为也会减弱（Granzin 和 Olsen，1991；Oskamp 等，1995）。当地政府组织或机构通过信息工具宣传垃圾分类政策并传播有关垃圾治理的知识，由此促使个人意识到其垃圾处理的职责（Ankinée，2017）。同时，信息工具作为有效的政策工具，可以有效地增强特定条件下的生活垃圾分类实践（Ankinée，2017；Wang 等，2019）。除基础设施和信息工具外，税收、补贴、押金返还等激励手段作为有效的政府支持手段可以增加个人的垃圾分类行为（Oreg 和 Tally，2006；Wan 等，2017）。除上述因素外，垃圾治理设施的质量和民众对政府努力的认知程度也显著影响垃圾治理行为及其他的环境保护行为（Wan 等，2015；Wan 等，2017）。

关于内部因素，早期研究表明垃圾分类行为受个体特征的影响，例如受教育程度、年龄、收入水平和婚姻状况（Abbott 等，2011；Saphores 等，2012）。考虑到社会经济因素可以部分解释垃圾治理行为，一些学者已开始关注社会心理因素。计划行为理论（TPB）表明，个人的行为由其行为意图决定，该行为意图由态度、主观规范和感知的行为控制共同决定（Paula 和 Elizabeth，2008；Botetzagiasab 等，2015；廖茂林，2020）。Stern（2000）提出了价值信念规范（VBN）理论，揭示了规范、信念、价值观和行为之间的因果关系。VBN 理论提出与环境条件相关的利己主义、社会利他主义和生物圈价值最终会影响个人行为（Viscusi 等，2011；Cheng 等，2014）。已有研究表明"价值"代表思想的总和，是自我的中心组成部分，具有产生态度、信念、规范的巨大动力（Petrick，2002；Judith 和 Linda，2008）。感知价值是一种典型的心理感知因素，是对垃圾分类行为产生的收益和成本的评估（Paula 和 Elizabeth，2008；Lee 等，2017）。根据行为经济学的前景理论，当人们进行行为决策时，他们首先评估行为可能产生的潜在收益和成本，并坚信参与垃圾分类回收能够带来收益的个体，其参与垃圾治理的意愿会得以提升（Andersson

和 Borgstede，2010）。如果垃圾治理浪费大量的时间、物质等成本，则个体参与垃圾治理的意愿会降低（Oskamp 等，1995；Andrew 等，2017）。即个体对于垃圾分类行为的感知价值会影响其意愿，从而影响垃圾治理的实际行为（Chen 等，2019）。

TPB 和 VBN 主要证明心理因素对垃圾分类行为的影响。但是，个体的行为不仅受内在感知的影响，还受到外部因素的影响（Chan 和 Bishop，2013；Malik 等，2015）。因此，一些学者将研究集中在扩展的 TPB 模型上，该模型引入了外部的情境因素，包括环境知识和便利性等。政府制度作为重要的外部因素，往往会改变人们与环保目标匹配的价值观等内在动机的评价，然后改变其行为意愿（Andersson 和 Stage，2018；Tang 等，2019）。盖豪等（2020）研究农户秸秆机械化持续还田行为时发现，政府规制和感知价值对农户的秸秆机械化持续还田行为具有交互影响。以上研究表明，内部因素的心理学认识可能会受到外部政府支持的影响，但现有研究成果是有限的。

目前，学术界对政府支持、感知价值对垃圾分类行为的影响机制鲜有研究，尤其是政府支持对感知价值的调节作用仍是垃圾治理行为的一个新兴研究领域。基于此，本章将探索感知价值、政府支持与垃圾分类意愿之间的影响路径，试图通过验证外部的政府因素（政府支持）对个体内在的心理因素（感知价值）的调节作用。这一研究的结论可能对政府相关部门制定和设计有效的垃圾治理政策，以鼓励农民的垃圾治理行为有借鉴意义。理论上，研究结论有助于确定外部政策工具调节农户感知价值影响垃圾治理意愿的路径，这将丰富行为经济学的相关理论。

5.2　变量说明及模型建立

5.2.1　变量的选取

5.2.1.1　因变量

在本章中，农户生活垃圾治理意向的测度是基于垃圾分类行为意向的调研。具体地，将农户生活垃圾治理意向分为垃圾分类的参与意愿、垃圾分类模式的选择意愿以及垃圾分类的支付意愿。垃圾分类的参与意愿通过五级量表进行测度。即通过询问"您是否愿意参与垃圾分类？（1＝非常不愿意；2＝比较不愿意；3＝中立；4＝比较愿意；5＝非常愿意）"。支付意愿通过询问农户"您是否愿意为垃圾分类支付相关处理费用？（0＝否；1＝愿意）"。垃圾分类模式的选择意愿通过询问农户"如果必须进行垃圾分类，您更愿意采用如下哪种分类模式？1＝二分法（可循环垃圾、不可循环垃圾）；2＝三分法（可降解垃圾、有毒垃圾、其他垃圾）；3＝四分法（厨余垃圾、可回收垃圾、有毒垃圾、其他垃圾）"进行测度。

5.2.1.2　核心解释变量

政府支持与感知价值是本书的核心解释变量，其中感知价值从收益、成本视角的精神收益、物质收益、非物质成本、物质成本四个二级指标构建了感知价值评价指标体系，并采用因子法对感知价值及其分维度指标进行了测度，其指标体系的建立与测度详见第4章。本书从工具支持、信息支持以及激励性政策支持去测度政府支持变量。最后，为了考察政府支持对感知价值影响农户生活垃圾治理意向关系的调节作用，模型中将引入二者的交叉项。

5.2.1.3　控制变量

已有研究表明，个体特征、家庭特征是农户生活垃圾治理意向的影响因素（张旭吟等，2014；杜焱强等，2016）。本书选取了受访者的性别、年龄、受教育程度、家庭收入水平等人口统计学特征作为控制变量，同时垃圾分类的意向可能受到试点的影响，因此本书引入"是否试点"作为控制变量以增强模型的解释能力。选取村庄在本乡镇富裕程度、距乡镇的距离反映乡村的基本特征。同时为了控制区域的固定效应，则引入区域虚拟变量，以高陵区为参照组，具体详见表5-1。

表 5 - 1　变量描述性统计

变量类别	变量名称	识别问题及赋值	均值	标准差	最小值	最大值
垃圾治理意愿	参与意愿	是否愿意参与垃圾分类（1 = 不愿意；2 = 比较不愿意；3 = 中立；4 = 比较愿意；5 = 非常愿意）	4.300	0.696	1	5
	支付意愿	是否愿意为垃圾分类支付额外的费用（0 = 否；1 = 愿意）	0.660	0.474	0	1
	模式选择意愿	垃圾分类模式的选择意愿（1 = 二分法；2 = 三分法；3 = 四分法）	1.480	0.657	1	3
感知价值	总指标	因子得分后标准化取值	0.646	0.140	0	1
	精神收益		0.733	0.130	0	1
	物质收益		0.733	0.148	0	1
	非物质成本		0.589	0.255	0	1
	物质成本		0.416	0.246	0	1
政府支持	总指标	Cov - AHP 计算结果	1.174	0.500	0.420	2.070
	信息支持		2.045	0.634	1	3
	激励支持		0.330	0.332	0	1
	工具支持		3.108	1.665	1	5
个体特征	性别	受访者性别：0 = 女性，1 = 男性	0.480	0.500	0	1
	年龄	受访者实际年龄	50.390	13.097	20	80
	教育程度	受访者受教育程度：1 = 小学，2 = 初中，3 = 高中，4 = 大专，5 = 本科及以上	1.770	1.025	1	5
	收入水平	家庭收入的对数	10.740	0.967	6.478	14.085
	污染程度	您村是否受到严重污染（0 = 否，1 = 是）	0.360	0.480	0	1
	距离乡镇距离	您所在村距离乡镇较远（0 = 否，1 = 是）	0.274	0.446	0	1
	村富裕程度	您村在本县属于富裕村（0 = 否，1 = 是）	0.650	0.478	0	1

　　根据描述性统计结果，农户垃圾分类参与意愿的均值为 4.30，表明农户参与垃圾分类意愿高。可能原因是，当农户回答问卷时，出于面子的考虑，

而自动提高分类意愿的水平值，导致垃圾分类意愿偏高，可能与真实情况有差异。而垃圾治理的高意愿在其他学者的研究中亦得到验证（陈绍军等，2015；许增巍等，2016）。支付意愿的均值为 0.660，说明超过一半的农户可以接受垃圾分类收费。垃圾分类模式的选择意愿均值为 1.480，表明农户倾向于选择较为简单的分类模式。从人口统计学特征分析，在受访者中，女性略高于男性，年龄均值为 50.39，受教育程度均值为 1.770，说明受访者普遍受教育水平较低，收入水平均值为 10.74。从地区特征来看，样本区总体环境污染较小，距离乡镇较近。富裕程度超过该县平均水平，这一情况从受访农户的收入水平的均值中得到了验证。

5.2.2　模型的建立

基于前文的文献综述和假设，构建了基于感知价值的农户垃圾分类的影响因素模型。其中被解释变量为生活垃圾分类意向，采用五级量表测量，取值为 1~5，此时 OLS 估计方法并不适用。因此，本书采用广泛使用的有序 logit 模型分析收益感知和成本感知因素对垃圾分类意愿影响的概率，可以采用最大似然估计。具体做法如下：

$$Y_i = \alpha_0 + \alpha_1 PV_i + \alpha_2 GS_i + \alpha_3 Control_i + \varepsilon_i \qquad (5-1)$$

其中，Y_i 表示农户的垃圾分类意愿。其中，PV_i 表示农户的感知价值，具体包括了精神收益、物质收益、非物质成本、物质成本；GS_i 表示政府支持，具体包括工具支持、信息支持以及激励支持；$Control_i$ 为控制变量，α_i 为待估计参数，ε_i 为残差项。

同时，为了考察政府支持对感知价值影响农户分类意愿关系的调节作用，在式（5-1）中将引入政府支持与感知价值的交互项以考察其调节作用。根据温忠麟（2014）对调节作用的定义，当感知价值对垃圾治理意向随着政府支持的变化而变化时，则可以认定政府支持在感知价值影响垃圾治理意向的关系中存在调节效应。为了进一步考察感知价值对垃圾治理意向的影响机理，本书将采用调节效应模型检验政府支持在感知价值影响垃圾治理行为及福利的调节效用。

5.3 政府支持与感知价值影响农户垃圾治理意愿的实证检验

5.3.1 政府支持与感知价值对农户参与垃圾分类意愿的影响

5.3.1.1 多重共线性检查

在研究政府支持、感知价值对垃圾分类意向的影响时，回归之前考虑到变量之间可能存在的共线性问题，先对变量进行共线性检验。估计结果表明，变量的方差膨胀因子（VIF）值在 1.050 ~ 1.740，远小于临界值 10，说明变量之间多重共线性的可能性非常小，详见表 5 - 2。

表 5 - 2　多重共线性检验

项目	容忍度	VIF	项目	容忍度	VIF
性别	0.950	1.050	精神收益	0.941	1.060
年龄	0.932	1.070	物质收益	0.952	1.050
教育程度	0.715	1.400	非物质成本	0.970	1.030
收入水平	0.867	1.150	物质成本	0.956	1.050
污染程度	0.850	1.180	信息支持	0.648	1.540
距离乡镇距离	0.957	1.040	诱导性政策	0.576	1.740
村富裕程度	0.802	1.250	工具支持	0.882	1.130

5.3.1.2 政府支持、感知价值的分维度与垃圾分类意愿

为了探究政府支持、感知价值的分维度对垃圾分类意愿的影响，本书采用逐步回归的方式，依次引入感知价值和政府支持的分维度指标，并检验二者不同维度对垃圾分类意愿的影响。表 5 - 3 结果表明，加入政府支持后，R^2 值由 0.126 上升到 0.140，说明加入政府支持变量后，模型的解释能力增强了，具体的影响结果分析如下：

（1）感知价值分维度。

感知收益：精神收益与垃圾分类意愿在 5% 的水平上显著正相关，说明农户对垃圾分类影响生态环境、个人环保意识、他人以及个人声誉等带来的非

物质收益认同程度越高，其分类意愿越强，即精神收益高的农户其垃圾分类意愿是较低者的 1.21 倍。物质收益对垃圾分类意愿有不显著的正向影响。

感知成本：非物质成本与垃圾分类意愿在 1% 的水平上显著负相关。表明非物质成本是农户垃圾分类意愿的抑制因素，感知非物质成本高的农户其参与垃圾分类的意愿是较低者的 0.8 倍。可能原因是，目前农村的"空心化"现象明显，样本农户的年龄均值支持这一结论，同时老龄化的农户受教育程度普遍偏低，在样本的描述性统计中可以看出，农户的受教育程度多集中于小学至初中之间。因此，垃圾分类产生的时间耗费、体力耗费以及由于文化程度低而导致的较高的学习付出等均会极大地提高农户的非物质成本感知，因而导致其参与垃圾分类的意愿降低。物质成本与垃圾分类意愿在 5% 的水平上显著负相关，感知物质成本较高农户的垃圾分类意愿为较低农户的 0.84 倍。可能的原因是，样本调研区域的分类垃圾桶等基础设施的配备不充分，尤其在非试点区域，其垃圾分类基础设施匮乏，可能导致农户担心其参与垃圾分类将负担相应的物质成本。因此，感知物质成本高的农户，则其参与垃圾分类的意愿水平降低。

（2）政府支持的分维度。

在政府支持变量方面，信息支持与垃圾分类意愿在 5% 的水平上显著正相关，在农村地区，垃圾推广活动是农户获取垃圾分类相关信息、掌握相关的垃圾分类技术的主要来源。理论上，推广活动时间越长，农户的垃圾分类知识越丰富，垃圾分类相关技术掌握得越娴熟，则其垃圾分类的意愿越强烈，结果表明，信息支持程度高的农户其垃圾分类的意愿是较低者的 1.41 倍。激励支持与分类意愿在 1% 的水平上显著负相关。政府提供的激励支持既包括物质激励政策，也包括非物质激励政策，其中，物质激励政策主要是给予现金或者礼品激励农户参与垃圾分类；非物质激励政策既包括正向的激励政策也包括负向的惩罚政策。受到激励的农户其垃圾分类意愿是非激励的 0.24 倍，与假设方向相反，可能的原因是通过激励政策的测量题项可以看出，样本地区总体激励水平偏低，物质激励的均值低于 0.3，非物质激励的均值为 0.4，说明政府提供的激励政策，不仅未能充分地调动农户垃圾分类的积极性，反而产生了挤出效应，这点从农户的感知物质收益的视角也得到了验证。工具支持与垃圾分类意愿呈现不显著的正相关，政府是农村公共物品的主要提供者，当政府提供的工具支持不足时，农户的垃圾分类意愿会降低，工具支持影响垃圾分类参与意愿未通过显著性检验，可能的原因是，对于农户来说，相较于工具支持，信息支持以及激励支持是农户的垃圾分类意愿的决定性因素。

（3）控制变量的影响。

在人口统计学变量方面，年龄、受教育水平均并未通过显著性检验；性别对垃圾分类意愿在1%的水平上显著正相关。说明与女性相比，男性的分类意愿更强烈，男性的分类意愿是女性分类意愿的1.44倍。可能的解释是，一方面，与女性相比，男性对于环境等社会问题关注度更高，其参与垃圾治理等环境保护活动的意愿更高；另一方面，男性较女性更重视自己的声誉，在询问其垃圾分类意愿时，可能汇报了较高的垃圾分类意愿值。收入水平与垃圾分类意愿在1%的水平上显著正相关，说明农户的分类意愿随着其收入水平的提高而增强。可能的原因是，收入水平高的农户对自身的健康程度关注度高，由此，其对垃圾分类等改善生活环境的行为表现出较高的参与意愿。根据风险比率值，收入水平高的农户垃圾分类的意愿是较低农户的2.94倍。距乡镇的距离以及村的富裕程度对垃圾分类的意愿未产生显著的影响，而所在乡村受污染的情况与垃圾分类意愿在1%的水平上显著负相关，风险比率值表明，处在污染地区的农户垃圾分类参与意愿为非污染区的0.56倍。可能原因：一是当村庄遭受污染时，农户首要的诉求是解决农村污染问题，而垃圾分类更强调垃圾处理的3R（减量、复用、再生），农户对垃圾分类的诉求排在治理污染诉求之后；二是当村庄受到严重污染时，农户环境保护意识受到抑制，出现了"劣币驱逐良币"效应，由此农户反而表现出更低的垃圾分类参与意愿。

表 5 - 3　感知价值、政府支持的分维度与垃圾分类意愿

	模型 1		模型 2	
	系数	风险比率	系数	风险比率
精神收益	0.153 **	1.165 **	0.194 **	1.214 **
	(0.076)	(0.089)	(0.079)	(0.096)

续表

	模型1		模型2	
	系数	风险比率	系数	风险比率
物质收益	0.065	1.067	0.064	1.066
	(0.084)	(0.090)	(0.089)	(0.094)
非物质成本	−0.224***	0.800***	−0.225***	0.798***
	(0.082)	(0.065)	(0.084)	(0.067)
物质成本	−0.162*	0.851*	−0.169**	0.844**
	(0.085)	(0.072)	(0.085)	(0.071)
信息支持			0.347**	1.414**
			(0.167)	(0.236)
激励支持			−1.413***	0.244***
			(0.363)	(0.088)
工具支持			0.015	1.015
			(0.071)	(0.072)
性别	0.338**	1.402**	0.367**	1.444**
	(0.159)	(0.223)	(0.161)	(0.233)
年龄	−0.001	0.999	0.001	1.001
	(0.006)	(0.006)	(0.006)	(0.006)
受教育水平	0.090	1.094	0.089	1.093
	(0.093)	(0.102)	(0.095)	(0.104)
收入水平	0.991***	2.694***	1.077***	2.936***
	(0.121)	(0.325)	(0.121)	(0.355)
污染程度	−0.628***	0.534***	−0.585***	0.557***
	(0.176)	(0.094)	(0.177)	(0.099)
距离乡镇距离	0.049	1.050	0.034	1.035
	(0.171)	(0.180)	(0.176)	(0.182)
村富裕程度	−0.025	0.975	0.238	1.268
	(0.171)	(0.167)	(0.193)	(0.245)
cut1	4.332		5.751	
	(1.363)		(1.374)	
cut2	6.376		7.803	
	(1.225)		(1.208)	

	模型 1		模型 2	
	系数	风险比率	系数	风险比率
cut3	7.778		9.221	
	(1.208)		(1.192)	
cut4	11.116		12.610	
	(1.322)		(1.252)	
Log pseudo likelihood	−571.726		−562.131	
LR χ^2	127.79		137.65	
Pseudo R^2	0.126		0.140	
样本量	672			

注：*、**、*** 分别表示在10%、5%和1%的统计水平上显著。

5.3.1.3 感知价值和政府支持交互项对农户垃圾分类意愿的影响

根据分维度实证结果，感知价值和政府支持的分维度对垃圾分类的意愿产生了不同方向及强度影响。根据动机理论，感知价值与农户垃圾分类意愿的关系会受到外因政府支持的影响，因此，本节构建了感知价值和政府支持的交互项，并加入模型中进行检验，结果如表5-4所示。

从总指标统计结果分析，政府支持对感知价值影响农户垃圾分类意愿关系具有正向调节作用，即感知价值对分类意愿的影响随着政府支持强度的增加而提升。分维度的交互作用统计结果表明，政府支持的分维度对感知价值分维度影响农户垃圾分类意愿的调节作用存在差异。具体来说，从信息支持角度分析，信息支持对精神收益影响垃圾分类意愿的关系具有正向调节作用，显著性水平为1%，而对物质收益、非物质成本、物质成本的调节作用不显著。即感知精神收益高的农户，其垃圾分类的意愿随着政府信息支持强度的增加而提高。从激励支持的角度分析，激励支持对精神收益、物质收益影响农户垃圾分类意愿关系的调节作用不显著，对非物质成本、物质成本影响农户垃圾分类意愿关系的调节作用分别在1%及10%的水平上显著。从系数符号可知，激励支持对非物质成本、物质成本负向影响垃圾分类意愿的关系中存在促进作用，即当农户感知成本提升时，其垃圾分类的意愿会降低，而调研区域的激励支持导致负向影响关系被加强，即农户表现出更低的分类意愿。可能原因是调研区域的激励支持总体水平较低，因此不仅没有达到降低农户分摊成本的预期，反而抑制了农户垃圾分类的意愿，导致负向影响关系被加强。从工具支持的视角分析，工具支持对精神收益、物质收益影响垃圾分类意愿的关系不存在显著的调节作用。工具支持对非物质成本影响农户垃圾分类意愿关系的调节作用在 5% 水平上显著，对物质成本影响农户垃圾分类意愿关系的调节作用在 10% 水平上显著。调节关系表明工具支持对非物质成本、物质成本负向影响农户垃圾分类意愿的关系存在抑制作用。当农户感知非物质成本、物质成本提高时，其垃圾分类的意愿会降低，而政府提供的工具支持对两者之间的负向影响关系具有抑制作用。即随着政府工具支持的加强，感知成本高的农户其垃圾分类的意愿会得到提升。

表 5 - 4　感知价值和政府支持交互项对农户垃圾分类意愿的影响分析

	模型 3	模型 4	模型 5	模型 6
政府支持 × 感知价值	3.287 ***			
	(0.492)			
信息支持 × 精神收益		0.461 ***	0.389 **	0.383 *
		(0.163)	(0.181)	(0.204)
激励支持 × 非物质成本			− 0.755 ***	− 0.840 **
			(0.228)	(0.400)
激励支持 × 物质成本			− 0.594 *	− 0.796 *
			(0.357)	(0.426)
工具支持 × 非物质成本				0.184 **
				(0.090)
工具支持 × 物质成本				0.174 *
				(0.093)
其他变量	已控制	已控制	已控制	已控制
Log pseudo likelihood	− 464.830	− 440.772	− 436.910	− 432.595
LR χ^2	379.15	425.910	433.64	442.27
Presudo R^2	0.290	0.326	0.332	0.338
样本量	672			

注：①考虑到篇幅限制，影响不显著的估计结果未列出。

②其他变量与基础回归一致，估计结果略。

③ *** 、 ** 、 * 分别表示在 1% 、 5% 、 10% 的统计水平上显著。

5.3.1.4　稳健性检验

为了进一步验证模型的可靠性和拟合性，本书采用随机选取 85% 的样本（N = 571）对结果进行二次检验，并采用 Oprobit 方法进行回归，表 5 - 5 汇总了感知价值、政府支持对农户垃圾分类意愿的影响结果。统计结果与 Logit 统计结果保持一致，说明上述模型统计结果可靠、模型拟合效果较好。

表 5 - 5　感知价值、政府支持对农户垃圾分类意愿影响的稳健性检验结果

变量名称	系数	标准误	系数	标准误
政府支持 × 感知价值	3.296 ***	0.532		
信息支持 × 精神收益			0.194 *	0.099
激励支持 × 非物质成本			- 0.449 **	0.187
激励支持 × 物质成本			- 0.526 **	0.265
工具支持 × 非物质成本			0.097 **	0.042
工具支持 × 物质成本			0.080 *	0.045
Log pseudo likelihood	- 380.347		- 375.250	
LR χ^2	329.59		338.46	
Presudo R^2	0.302		0.3108	
样本量	571		571	

5.3.2　政府支持与感知价值对支付意愿的影响

垃圾分类的顺利实施依赖于垃圾分类政策的制定与实施，同时，垃圾分类的复杂性对资金也有较大的需求，若垃圾分类的资金供给只依赖于国家及企业的二元供给模式，则难以将垃圾治理的外部收益及成本内化到个体的收益及成本中，由此导致农户"搭便车"行为的发生。借鉴国外成功的垃圾分类经验，垃圾分类处理的收费制为垃圾分类的顺利实施提供了有效保障手段。因此，本节将讨论感知价值、政府支持对农户垃圾分类支付意愿的影响机理。

5.3.2.1　感知价值、政府支持的分维度与垃圾分类支付意愿

垃圾分类属于公共物品管理范畴，因此，其具有准公共物品的管理属性。借鉴环境治理支付意愿的相关研究成果，本书采用简单的二值法度量农户的

垃圾分类支付意愿，即通过询问"您是否愿意为垃圾分类支付额外的费用？0＝否，1＝是"来测度垃圾分类的支付意愿。表5－6汇总了感知价值、政府支持及控制变量对垃圾分类支付意愿的回归结果。为了进一步分析各个因素对垃圾支付意愿影响的强度，本书估计了各影响因素对农户垃圾分类意愿的边际效应。在进行估计前，首先对各个变量进行了多重共线性检验，详见表5－2。检验结果显示，VIF取值在1.05～1.74，远小于10，表明自变量之间不存在多重共线性问题。表5－6汇总了拟合效果的统计检验值，模型7、模型8的Log likelihood值依次为－372.982、－367.150，LR χ^2 值为90.71、99.88，均在1%统计水平上显著，表明方程的拟合效果较好。

表5－6　感知价值、政府支持的分维度与垃圾支付意愿

	模型7		模型8	
	系数	边际效应	系数	边际效应
精神收益	0.540***	0.101***	0.539***	0.099***
	(0.119)	(0.021)	(0.124)	(0.021)
物质收益	0.247**	0.046**	0.285**	0.052**
	(0.106)	(0.019)	(0.112)	(0.020)
非物质成本	－0.312***	－0.058***	－0.295***	－0.054***
	(0.101)	(0.018)	(0.101)	(0.018)
物质成本	－0.270**	－0.051**	－0.254**	－0.047**
	(0.107)	(0.020)	(0.107)	(0.020)
信息支持			－0.007	－0.001
			(0.197)	(0.036)
激励支持			－0.207**	－0.038**
			(0.090)	(0.016)
工具支持			1.339***	0.246***
			(0.410)	(0.074)
性别	0.137	0.026	0.132	0.024
	(0.183)	(0.034)	(0.185)	(0.034)
年龄	－0.003	－0.001	－0.003	－0.001
	(0.007)	(0.001)	(0.007)	(0.001)

续表

	模型 7		模型 8	
	系数	边际效应	系数	边际效应
受教育水平	− 0.558 **	− 0.104 **	− 0.545 *	− 0.100 *
	(0.283)	(0.053)	(0.297)	(0.054)
收入水平	− 0.382	− 0.071	− 0.397	− 0.073
	(0.289)	(0.054)	(0.309)	(0.057)
污染程度	− 1.252 ***	− 0.234 ***	− 1.276 ***	− 0.234 ***
	(0.204)	(0.035)	(0.206)	(0.035)
距离乡镇距离	− 0.298	− 0.056	− 0.270	− 0.049
	(0.204)	(0.038)	(0.212)	(0.039)
村富裕程度	0.697 ***	0.130 ***	0.422 **	0.077 **
	(0.187)	(0.034)	(0.214)	(0.039)
Pseudo R²	0.135		0.148	
Log pseudo likelihood	− 372.982		− 367.150	
LR χ²	90.71		99.88	
样本量	672		672	

注：*、**、*** 分别表示在10%、5%和1%的统计水平上显著。

（1）感知价值分维度对垃圾分类支付意愿的影响。

感知价值的四个分维度均显著影响农户的垃圾分类支付意愿，其中，精神收益与垃圾分类支付意愿在1%的水平上显著正相关。边际效应值表明，农户的精神收益提升1个单位，则其支付意愿概率提升9.9%。物质收益与垃圾分类支付意愿在5%的水平上显著正相关。边际效应的统计值表明，农户的物质收益提升1个单位，则其支付意愿概率提升5.2%。非物质成本与垃圾分类支付意愿在1%的水平上显著负相关。边际效应的统计值表明，农户的非物质成本提升1个单位，则其支付意愿概率降低5.4%。物质成本与垃圾分类支付意愿在1%的水平上显著负相关。边际效应的统计值表明，农户的物质成本提升1个单位，则其支付意愿概率降低4.7%。以上统计结果表明，感知价值的四个维度均对垃圾分类的支付意愿产生了显著影响。其中，精神收益和物质收益提升了农户的垃圾分类支付意愿，而非物质成本及物质成本降低了农户垃圾分类的支付意愿。

（2）政府支持的分维度对垃圾分类支付意愿的影响。

政府支持的三个分维度中，信息支持对农户的垃圾分类支付意愿无显著影响，激励支持与垃圾分类支付意愿在5%的水平上显著负相关。边际效应的统计值表明，存在激励支持的地区，其农户垃圾分类的支付意愿概率降低了3.8%。工具支持与垃圾分类支付意愿在1%的水平上显著正相关。边际效应的统计值表明，工具支持提升1个单位，则农户垃圾分类的支付概率提升24.6%。工具支持与对分类意愿的影响未通过显著性检验，但是对支付意愿的正向影响显著，可能的原因是，与参与分类意愿相比，农户垃圾分类的支付数量与政府的设施投入高度相关。当政府提供较高的工具支持时，农户成本分担预期下降，因此农户表现出较高的支付意愿，反之，当政府提供较少的工具支持时，农户成本分担预期上升，则农户表现出较低的支付意愿。以上统计结果表明，工具支持是影响农户垃圾支付意愿的最主要的政府支持变量，激励支持对农户垃圾分类支付意愿产生了抑制，信息支持对农户垃圾分类支付意愿无显著影响。

（3）其他控制变量对垃圾分类支付意愿的影响。

在控制变量中，性别、年龄对农户的垃圾分类支付意愿无显著影响，受教育水平与垃圾分类支付意愿在5%的水平上显著负相关。边际效应的统计值表明，农户的受教育水平提升1个单位，则其垃圾分类的支付意愿概率降低7.3%，即受教育程度越高的农户，其垃圾分类的支付意愿概率越低。可能的原因是，已有研究表明，受教育程度高的农户参与垃圾分类的意愿低，而低的参与意愿最终导致低的支付概率。收入水平对农户的垃圾分类支付意愿无显著影响。在乡村特征中，村庄受污染与农户的垃圾分类支付意愿在1%的水平上显著负相关。边际效应的统计值表明，受污染村庄农户的垃圾分类支付意愿概率降低了23.4%。可能的原因是，本书已验证受污染程度与垃圾分类意愿存在负相关，即受污染严重地区的农户，其表现出较低的参与意愿，而低的参与意愿必然导致低的支付意愿。村庄的富裕程度与农户的垃圾分类支付意愿在1%的水平上显著正相关。边际效应的统计值表明，身处富裕村庄的农户，其富裕水平提升 1 个单位，则垃圾分类支付意愿概率提升 7.7%。以上统计结果表明，在控制变量中，村庄受污染情况对垃圾分类的支付意愿影响最大，其次是受教育水平和村庄的富裕程度。

5.3.2.2 感知价值和政府支持交互项对农户垃圾分类支付意愿的影响

为了进一步检验政府支持对感知价值影响农户垃圾分类支付意愿关系的调节作用，加入政府支持与感知价值的交互项，通过总维度和分维度深入分析调节效应。具体结果汇总在表 5-7 中，从总维度分析，感知价值与政府支持的交叉项与农户垃圾分类的支付意愿在 5% 的水平上显著正相关，边际效应值为 0.078，表明政府支持水平提升 1 个单位，则感知价值对农户垃圾分类支付意愿正向影响将增加 7.8%。感知价值高的农户，随着政府提供的工具支持、信息支持等水平的提升，其垃圾分类支付意愿进一步提升，即同等感知价值水平的农户，政府支持水平高的农户表现出更高的支付意愿。

激励支持调节效应的回归结果表明，精神收益与激励支持的交互项与农户垃圾分类的支付意愿在 10% 的水平上显著负向相关，边际效应值为 0.045，表明激励支持水平提升 1 个单位，则精神收益对农户垃圾分类支付意愿的影响将降低 4.5%。即政府提供垃圾分类激励支持的地区，农户精神收益对垃圾分类支付意愿的正向影响受到了抑制。可能原因是政府提供的激励支持并没有达到农户的心理预期，因此正向激励变成了负向激励，产生了抑制效应。非物质成本与激励支持的交互项对农户垃圾分类的支付意愿在 1% 的水平上显著负向影响，边际效益值为 -0.182，表明激励支持水平提升 1 个单位，则非物质成本对农户垃圾分类支付意愿的负向影响将增加 18.2%。当农户进行垃圾分类时，其感知的时间、学习以及体力等非物质成本越高，参与垃圾分类的概率越低。同时，当农户所处的地区存在激励支持，由于激励支持未起到正向激励的作用，反而由于激励支持的不合理导致非物质成本对垃圾分类的负向影响加强，即农户表现出了更低的垃圾分类的支付意愿。

工具支持调节效应的回归结果表明，工具支持与物质收益的交互项与农户垃圾分类的支付意愿在 5% 的水平上显著正向相关，边际效益值为 0.142，表明工具支持水平提升 1 个单位，物质收益对农户垃圾分类支付意愿的影响将增加 14.2%。即物质收益对农户垃圾分类支付意愿的正向影响效应，随着工具支持的提高而增强。工具支持与非物质成本的交互项与农户垃圾分类的支付意愿在 10% 的水平上正向相关，边际效益值为 0.130，表明工具支持水平提升 1 个单位，非物质成本对农户垃圾分类支付意愿的负向影响将降低 13.0%。即非物质成本对农户垃圾分类支付意愿的负向影响效应，随着工具支持的提高而受到抑制。非物质成本感知对农户垃圾分类支付意愿的抑制作用会受到工具支持的影响，即对于具有较高感知非物质成本的农户，当政府提供分类垃圾桶等工具支持时，有助于提高其垃圾分类的支付意愿。工具支持与物质成本的交互项对农户垃圾分类的支付意愿在 1% 的水平上正相关，边际效益值为 0.059，表明工具支持水平提升 1 个单位，物质成本对农户垃圾分类支付意愿的负向影响将降低 5.9%。即对于具有较高感知物质成本的农户，当地政府提供充足的工具支持时，有助于提高其垃圾分类的支付意愿。

总体而言，信息支持对感知价值三个分维度不存在调节作用；激励支持抑制了精神收益对分类支付意愿的正向影响，加强了非物质成本对分类支付意愿的负向影响；工具支持对精神收益的正向调节作用最为显著，其次为非物质成本，最后为物质成本，而工具支持对物质收益的调节作用不显著。

表 5-7   感知价值和政府支持交互项对农户垃圾支付意愿的影响分析

	模型 9		模型 10	
	系数	边际效应	系数	边际效应
政府支持×感知价值	0.451 ** (0.224)	0.078 ** (0.038)		
激励支持×精神收益			-0.317 * (0.188)	-0.045 * (0.027)
激励支持×非物质成本			-1.276 ** (0.503)	-0.182 *** (0.070)
工具支持×物质收益			0.997 ** (0.406)	0.142 ** (0.057)
工具支持×非物质成本			0.912 * (0.490)	0.130 * (0.068)

续表

	模型9		模型10	
	系数	边际效应	系数	边际效应
工具支持×物质成本			0.413 ***	0.059 ***
			(0.108)	(0.015)
其他变量	已控制		已控制	
Log pseudo likelihood	−350.076		−296.358	
LR χ^2	162.09		139.400	
Pseudo R^2	0.188		0.312	
样本量	672			

注：①考虑到篇幅限制，影响不显著的估计结果未列出。

②其他变量与基础回归一致，估计结果略。

③ *** 、 ** 、 * 分别表示在1%、5%、10%的统计水平上显著。

5.3.2.3　稳健性检验

采用随机选取85%样本进行政府支持与感知价值对农户垃圾分类支付意愿的稳健性检验，表5-8中拟合效果检验值 Log pseudo likelihood = −293.455，LR χ^2 = 142.28，P = 0.000，表明模型具有较好的拟合效果，统计结果与表5-7统计结果保持一致，说明上述模型统计结果可靠。

表5-8　政府支持与感知价值影响农户垃圾分类支付意愿的稳健性检验结果

变量名称	系数	标准误	Z值	P值
感知价值	1.444 ***	0.260	5.560	0.000
政府支持	4.161 ***	0.793	5.250	0.000
感知价值×政府支持	0.448 *	0.246	1.820	0.069
其他变量	已控制			
Log pseudo likelihood	−293.455		LR χ^2	142.28
Prob > LR χ^2	0.000		Pseudo R^2	0.195

5.3.3　政府支持与感知价值对垃圾分类模式选择意愿的影响

目前国际上垃圾分类模式包括简单分类、有限分类、无限分类三种模式（张农科，2017）。其中，简单分类模式只考虑以填埋为主的垃圾处理方式，不考虑垃圾开发利用的经济价值，因此只简单地将垃圾分为2~3类，简单分类模式以美国为代表。有限分类模式将垃圾分为5~6类，先将有机垃圾进行分拣，再对有机垃圾进一步精细化分选，并进行资源化处理，对无法资源化处理的予以焚烧。典型的代表国家为德国、瑞典等一些欧盟国家。无限分类模式主要以日本为代表，无限分类模式尽可能地对垃圾进行分类，进行资源化处理，只对没有经济价值且无法细分的垃圾进行焚烧。2016年我国城市地区开始全面推行垃圾分类制度，农村地区在2017年底选出首批100个乡村进行垃圾分类试点。目前试点区域的垃圾分类模式包括二分类、三分类以及四分类，分类模式主要由当地政府确定。本节将基于农户的视角，考察影响其垃圾分类模式选择意愿的因素，以期为政府制定垃圾分类模式提供理论依据。

5.3.3.1　感知价值、政府支持的分维度与垃圾分类模式选择

依据第3章农户垃圾分类意向的特征分析，在原有控制变量的基础上，加入地区控制变量，即"是否为大荔县？0=否，1=是""是否为岚皋县？0=否，1=是"。垃圾分类模式的意愿通过询问农户"如果必须进行垃圾分类，您更愿意采用如下哪种分类模式？1=二分法；2=三分法；3=四分法"进行测度。在进行估计前，首先对各个变量进行了多重共线性检验，估计结果表明，所有变量的方差膨胀因子（VIF）值均小于10，说明变量之间多重共线性的可能性非常小。表5-9汇报了感知价值、政府支持及控制变量对垃圾分类模式选择的有序Logit回归结果。为了进一步分析各个因素对垃圾分类模式选择影响的强度，本书进一步估计了各影响因素对分类模式选择的条件边际效应。

表5-9　感知价值、政府支持的分维度与垃圾分类模式选择

解释变量	模式选择	边际效益		
		二分类	三分类	四分类
精神收益	0.112 **	-0.033 **	0.019 **	0.014 **
	(0.054)	(0.016)	(0.010)	(0.007)
物质收益	0.013	-0.004	0.002	0.002
	(0.053)	(0.016)	(0.009)	(0.007)

续表

解释变量	模式选择	边际效益		
		二分类	三分类	四分类
非物质成本	−0.050	0.015	−0.009	−0.006
	(0.049)	(0.015)	(0.009)	(0.006)
物质成本	−0.304***	0.090***	−0.053***	−0.037***
	(0.080)	(0.023)	(0.013)	(0.011)
信息支持	0.108	−0.032	0.019	0.013
	(0.121)	(0.036)	(0.021)	(0.015)
激励支持	−0.136***	0.040***	−0.024***	−0.017***
	(0.049)	(0.014)	(0.008)	(0.006)
工具支持	1.095***	−0.325***	0.190***	0.135***
	(0.227)	(0.066)	(0.039)	(0.031)
性别	0.129	−0.038	0.022	0.016
	(0.101)	(0.030)	(0.018)	(0.012)
年龄	−0.005	0.001	−0.001	−0.001
	(0.004)	(0.001)	(0.001)	(0.000)
受教育水平	−1.182***	0.351***	−0.205***	−0.145***
	(0.226)	(0.060)	(0.037)	(0.027)
收入水平	−2.265***	0.672***	−0.394***	−0.279***
	(0.368)	(0.091)	(0.059)	(0.043)
污染程度	−0.021	0.006	−0.004	−0.003
	(0.122)	(0.036)	(0.021)	(0.015)
距离乡镇距离	0.085	−0.025	0.015	0.010
	(0.113)	(0.034)	(0.020)	(0.014)
村富裕程度	−0.320***	0.095***	−0.056***	−0.039**
	(0.124)	(0.036)	(0.021)	(0.016)
是否为大荔县	2.320***	−0.689***	0.403***	0.285***
	(0.284)	(0.069)	(0.046)	(0.038)
是否为岚皋县	2.719***	0.040***	−0.024***	−0.017***
	(0.469)	(0.014)	(0.008)	(0.006)
切点1	−24.240	—	—	—
	(4.022)	—	—	—

续表

解释变量	模式选择	边际效益		
		二分类	三分类	四分类
切点 2	− 22. 844	—	—	—
	(3. 979)	—	—	—
Log pseudo likelihood	− 472. 251		LR χ^2	159. 240
Pseudo R^2	0. 203		样本量	672

注: ***、**、* 分别表示在 1%、5%、10% 的统计水平上显著。

（1）感知价值分维度对垃圾分类模式选择意愿的影响。

感知价值的精神收益及物质成本显著影响农户的垃圾分类模式选择，而物质收益及非物质成本与分类模式选择不存在显著影响关系。具体来说，农户的感知精神收益与分类模式选择意愿在 5% 的水平上显著正相关。边际效应值表明，农户的精神收益提升 1 个单位，其二分类模式选择概率降低 3.3%，三分类、四分类模式概率分别提高 1.9% 及 1.4%。农户的物质成本感知与分类模式选择意愿在 1% 的水平上显著负相关。边际效应值表明，农户的物质成本提升 1 个单位，其二分类模式选择概率提高 9.0%，三分类、四分类模式概率分别降低 5.3% 及 3.7%。因此，农户感知精神收益的提升有利于农户选择更精细的分类模式，而感知成本的提升则导致农户选择简单的分类模式；从影响强度来看，物质成本对垃圾分类模式选择意愿的影响略强于精神收益。

（2）政府支持的分维度对垃圾分类模式选择意愿的影响。

政府支持的激励支持及工具支持均显著影响农户的垃圾分类模式选择，而信息支持与分类模式选择不存在显著影响关系。具体来说，激励支持与农户分类模式选择意愿在 1% 的水平上显著负相关，边际效应值表明，激励支持提升 1 个强度，则农户二分类模式选择概率提升 4.0%，三分类、四分类模式概率分别降低 2.4% 及 1.7%。工具支持与农户分类模式选择意愿在 1% 的水平上显著正相关。边际效应值表明，工具支持提升 1 个强度，则农户二分类模式选择概率降低 32.5%，三分类、四分类模式概率分别提升 19.0% 及 13.5%。总体来看，政府的工具支持提升有利于农户选择更精细的分类模式，而处在激励支持地区的农户，其更倾向于选择简单的分类模式；从影响强度来看，工具支持是农户垃圾分类模式选择的第一政府支持影响因素，其次为激励支持。

（3）控制变量对垃圾分类模式选择意愿影响。

个体特征中的年龄及性别与农户的垃圾分类模式选择不存在显著统计学关系，受教育水平及收入水平负向影响垃圾分类模式选择。具体地，受教育水平与农户分类模式选择意愿在 1%的水平上显著负相关。边际效应值表明，受教育水平提升 1 个单位，则农户二分类模式选择概率提升 35.1%，三分类、四分类模式概率分别降低了 20.5%和 14.5%。收入水平与农户分类模式选择意愿在 1%的水平上显著负相关。边际效应值表明，收入水平提升 1 个单位，则农户二分类模式选择概率提升 67.2%，三分类、四分类模式概率分别降低 39.4%和 27.9%。

距乡镇距离与受污染情况与农户的垃圾分类模式选择不存在显著统计学关系，村富裕程度与农户分类模式选择意愿在 1%的水平上显著负相关。边际效应值表明，村富裕程度提升 1 个单位，则农户二分类模式选择概率提升 35.1%，三分类、四分类模式概率分别降低 20.5%和 14.5%。地区控制变量"是否为大荔县""是否为岚皋县"与农户的垃圾分类模式选择在 1%的水平上正相关。综上所述，受教育水平及收入水平高的农户，其更倾向于选择较为简单的垃圾分类模式，处在相对富裕村的农户，其垃圾分类模式选择也为粗放的分类模式。大荔县、岚皋县表现出较高的分类模式选择；从影响强度分析，收入水平对农户的垃圾分类模式选择影响最大，其次为受教育水平。

5.3.3.2 感知价值和政府支持交互项对垃圾分类模式选择意愿的影响

为了进一步探究政府支持对感知价值影响垃圾分类模式选择意愿的调节作用，在基础模型中加入感知价值、政府支持的总维度以及分维度交互项，统计结果汇总在表 5-10 中。具体地，政府支持与感知价值的交互项与农户分类模式选择概率在 1%的水平上显著正相关。边际效应值表明，政府支持水平提升 1 个单位，则感知价值影响农户选择垃圾处理二分模式的概率降低 7.6%，而对三分、四分模式选择概率提升 4.4%、3.3%。即感知价值高的农户，随着外部政府支持强度的提升，其选择细致分类的概率提升了，选择简单分类的概率降低了。

激励支持与感知价值分维度交叉项的回归结果表明，激励支持与精神收益的交互项与农户垃圾分类模式选择意愿在10%的水平上显著负相关，激励支持水平提升1个单位，则同等精神收益水平的农户，其选择垃圾二分模式的概率提高2.1%，选择三分、四分模式的概率分别降低1.3%及0.9%。即政府提供垃圾分类激励支持的地区，农户精神收益对垃圾分类选择意愿的正向影响受到了抑制，可能的原因是政府提供的激励支持力度未达到农户的心理预期或设计的激励措施未起到正向激励作用，由此，正向激励变成负向激励，抑制了农户垃圾分类的热情，表现出较低的分类模式选择。激励支持与物质成本的交互项与农户垃圾分类模式选择意愿在1%的水平上显著负相关，激励支持水平提升1个单位，相同物质成本水平的农户，选择垃圾二分类模式的概率增加4.2%，选择三分类、四分类模式的概率分别降低2.4%及1.7%。已有研究表明农户进行垃圾分类时，其付出的物质成本越高，其垃圾分类意愿越低，越倾向于简单分类模式，由于政府提供的激励支持未起到正向激励的作用，导致受到政府激励支持的农户，其较高的成本感知而导致的较低的垃圾分类模式选择意愿进一步被提升。

工具支持与感知价值分维度交互项的回归结果表明，工具支持与精神收益的交互项与农户垃圾分类模式选择意愿在5%的水平上显著正相关。边际效益值表明，工具支持水平提升1个强度，精神收益对农户垃圾二分类模式选择的影响降低2.8%，选择三分类、四分类模式的概率分别提升1.6%及1.1%。理论上，感知精神收益高的农户，其参与垃圾分类的意愿高，因此，更倾向于选择细致的垃圾分类模式，而随着外部工具支持的加强，这一正向影响效应被增强。工具支持与物质成本的交互项与农户垃圾分类模式选择在1%的水平上显著正相关。边际效益值表明，工具支持水平提升1个单位，物质成本影响农户选择垃圾二分类模式的概率降低11.3%，选择三分类、四分类模式的概率分别提升6.6%及4.7%。即物质成本对农户垃圾分类模式选择意愿的负向影响效应随着工具支持的提高而受到抑制。可能的原因是感知物质成本高的农户，其垃圾分类意愿低，因此其倾向于选择简单的垃圾分类模式，当政府提供丰富的垃圾分类处理设施时，相同感知成本水平的农户，其选择二分类模式的概率降低，选择三分类、四分类模式的概率提升。总的来说，信息支持对精神收益、物质成本的调节作用不显著；激励支持抑制了精神收益对垃圾分类模式选择意愿的正向影响，加强了物质成本对垃圾分类模式选择意愿的负向影响；工具支持能够进一步促进精神收益对垃圾分类模式选择意愿的正向影响，抑制物质成本对垃圾分类模式选择意愿的负向影响。

表5-10　感知价值和政府支持交互项对农户分类模式选择意愿的影响分析

	模型11（边际效应）			模型12（边际效益）		
	二分类	三分类	四分类	二分类	三分类	四分类
政府支持×感知价值	-0.076 ***	0.044 ***	0.033 ***			
	(0.028)	(0.016)	(0.013)			
激励支持×精神收益				0.021 *	-0.013 *	-0.009 *
				(0.013)	(0.008)	(0.005)
激励支持×物质成本				0.042 ***	-0.024 ***	-0.017 ***
				(0.015)	(0.009)	(0.007)
工具支持×精神收益				-0.028 **	0.016 **	0.011 **
				(0.012)	(0.007)	(0.005)
工具支持×物质成本				-0.113 **	0.066 **	0.047 **
				(0.051)	(0.030)	(0.021)
其他变量	已控制			已控制		
Log pseudo likelihood	-469.130			-465.809		
LR χ^2	247.65			183.89		
Pseudo R^2	0.209			0.214		
样本量	672			672		

注：①考虑到篇幅限制，影响不显著的估计结果未列出。

②控制变量与基础回归一致，估计结果略。

③ *** 、 ** 、 * 分别表示在1%、5%、10%的统计水平上显著。

5.3.3.3　稳健性检验

采用随机选取85%样本进行政府支持与感知价值对农户垃圾分类支付意愿的稳健性检验，表5-11中拟合效果检验值Log pseudo likelihood = -395.954，LR χ^2 = 163.88，P = 0.000，表明模型具有较好的拟合效果，表中感知价值、政府支持交互项对垃圾分类模式选择意愿影响的方向与显著性与表5-10一致，说明上述回归结果可靠。

表5-11　感知价值、政府支持影响农户垃圾分类模式选择意愿的稳健性检验结果

变量名称	系数	标准误	Z值	P值
感知价值	1.179 ***	0.401	2.940	0.003
政府支持	0.873 ***	0.139	6.270	0.000
政府支持×感知价值	2.128 ***	0.748	2.840	0.004
其他变量	已控制			
Log pseudo likelihood	-395.954		LR χ^2	163.88
Prob χ^2	0.000		Pseudo R^2	0.213
样本量		571		

注：*** 、 ** 、 * 分别表示在1%、5%、10%的统计水平上显著。

5.4　本章小结

　　本章基于农户感知价值的视角考察了感知价值总指标以及分维度的精神收益、物质收益、非物质成本、物质成本对农户垃圾分类意向的影响，为了深入探讨感知价值影响农户垃圾分类意向的可能路径，本章基于动机的理论，进一步地引入政府支持变量，通过政府支持总维度以及信息支持、激励支持、工具支持三个分维度探讨了政府支持对感知价值影响农户垃圾分类意向关系的调节作用。此外，考虑到垃圾治理意向研究的全面性，本章将治理意向分为垃圾分类参与意愿、垃圾分类支付意愿以及垃圾分类模式选择意愿，并采用有序Logit模型，二分类Probit模型实证分析了政府支持、感知价值对农户垃圾分类意向的影响。研究发现：

　　（1）感知价值的精神收益显著正向影响垃圾分类意愿，精神收益高的农户参与垃圾分类意愿是较低者的1.21倍。物质收益对垃圾分类意愿影响未通过显著性检验；非物质成本显著负向影响垃圾分类意愿，感知非物质成本高的农户参与垃圾分类的意愿是较低者的0.80倍，物质成本显著负向影响垃圾分类意愿，感知物质成本较高农户的垃圾分类意愿为较低农户的0.84倍，感知精神收益为农户垃圾分类意愿的促进因素，感知非物质成本、物质成本是农户垃圾分类意愿的抑制因素。政府支持的信息支持显著正向影响垃圾分类意愿，信息支持高的农户其参与垃圾分类意愿是较低的1.4倍，激励支持显著负向影响垃圾分类意愿，激励支持高的农户其垃圾分类意愿是较低的0.2倍。工具支持对垃圾分类意愿影响未通过显著性检验。进一步研究政府支持对感知价值影响垃圾分类意愿关系的调节作用时发现，对于具有较高感知价值的农户而言，政府支持的力度越大，越有助于其垃圾分类意愿的提升。分维度调节作用表明，信息支持对精神收益影响垃圾分类意愿的关系具有正向调节作用，对物质收益、非物质成本、物质成本的调节作用不显著，即精神收益高的农户，信息支持的力度越大，越有助于其垃圾分类意愿的提升。激励支持对精神收益、物质收益影响农户垃圾分类意愿关系的调节作用不显著，对非物质成本、物质成本影响农户垃圾分类意愿关系的调节作用显著，即感知非物质成本、物质成本高的农户，受到激励支持的农户其垃圾分类意愿越低。工具支持对精神收益、物质收益影响垃圾分类意愿的关系不存在显著的调节作用，对非物质成本影响农户垃圾分类意愿的关系存在显著调节作用，即感知非物质成本、物质成本高的农户，工具支持的力度越大越有助于其垃圾分类意愿的提升。

（2）感知价值的精神收益、物质收益正向影响农户垃圾分类支付意愿，农户的精神收益提升1个单位，其支付意愿概率提升9.9%。物质收益提升1个单位，其支付意愿概率提升5.2%。非物质成本、物质成本负向影响垃圾分类支付意愿，非物质成本提升1个单位，其支付意愿概率降低5.4%，物质成本提升1个单位，其支付意愿概率降低4.7%。政府支持的激励支持与垃圾分类支付意愿显著负相关，激励支持的地区，农户垃圾分类的支付意愿概率降低3.8%。工具支持与垃圾分类支付意愿显著正相关，工具支持提升1个单位，垃圾分类的支付概率提升24.6%。综上所述，工具支持对农户垃圾分类支付意愿产生了促进作用，而激励支持对农户垃圾分类支付意愿产生了抑制作用。通过进一步研究政府支持对感知价值影响农户垃圾分类支付意愿关系的调节作用发现，对于具有较高感知价值的农户而言，政府支持的力度越大越有助于其垃圾分类支付意愿的提升。具体地,激励支持对精神收益影响农户垃圾分类意愿的关系具有负向调节作用,精神收益高的农户,随着激励支持的提高,其垃圾分类的支付意愿概率降低了。激励支持促进了非物质成本负向影响农户垃圾分类支付意愿的关系,即感知垃圾分类浪费时间、精力等非物质成本高的农户,随着激励支持的提高,其垃圾分类的支付意愿概率更低。工具支持对物质收益影响农户垃圾分类支付意愿的关系具有正向调节作用。感知物质收益高的农户,随着工具支持的提升,其垃圾分类支付意愿可能性较大。工具支持对非物质成本、物质成本影响农户垃圾分类支付意愿的关系具有促进作用,即感知非物质成本、物质成本低的农户,随着工具支持的提升,其垃圾分类支付意愿可能性较大。从另一个角度来看,感知非物质成本、物质成本高的农户,随着工具支持的提升,其不愿意为垃圾分类支付的可能性降低。

(3)感知价值的精神收益与分类模式选择意愿显著正相关,农户的精神收益提升 1 个单位,其二分类模式选择概率降低 3.3%,三分类、四分类模式概率分别提高 1.9% 及 1.4%。物质成本与分类模式选择意愿显著负相关,农户的感知物质成本提升 1 个单位,其二分类模式选择概率提高 9.0%,三分类、四分类模式概率分别降低 5.3% 及 3.7%。农户的感知精神收益的提升有利于农户选择更细致的分类模式,而感知成本的提升则会导致农户选择简单的分类模式。政府支持显著影响农户的垃圾分类模式选择,具体来说,激励支持与农户分类模式选择意愿负相关,激励支持提升 1 个强度,则农户二分类模式选择概率提升 4.0%,三分类、四分类模式概率分别降低 2.4% 及 1.7%。工具支持与农户分类模式选择意愿显著正相关,激励支持提升 1 个强度,则农户二分类模式选择概率降低 32.5%,三分类、四分类模式概率分别提升 19.0% 及 13.5%。总体而言,工具支持提升有利于农户选择更精细的分类模式,而处在激励支持地区的农户,其更倾向于选择简单的分类模式。通过进一步研究政府支持对感知价值影响分类模式选择意愿关系的调节作用发现,对于具较高感知价值的农户而言,政府支持的力度越大,其选择二分类模式的概率越小,选择三分类、四分类模式的概率越大。具体地,激励支持负向调节精神收益影响农户垃圾分类模式选择的关系，精神收益高的农户，随着激励支持水平的提升，农户选择垃圾二分类模式的概率提高，选择三分类、四分类模式的概率降低，即提供垃圾分类激励支持的地区，农户精神收益对精细垃圾分类选择意愿的正向影响受到了抑制，激励支持正向调节物质成本影响农户垃圾分类模式选择意愿，感知物质成本低的农户，随着激励支持的提升，其选择二分类模式的概率增加，选择三分类、四分类模式的概率降低。工具支持正向调节精神收益影响垃圾分类模式选择的关系，精神收益高的农户，随着工具支持水平的提升，其选择二分类模式的概率降低，选择三分类、四分类模式的概率提升。工具支持抑制了物质成本对农户垃圾分类模式选择的负向影响作用，物质成本低的农户，随着工具支持水平的提升，其选择垃圾二分类模式的概率降低，选择三分类、四分类模式的概率分别提升。工具支持能够促进精神收益对垃圾分类模式选择的正向影响，抑制物质成本对垃圾分类模式选择的负向影响。

6 政府支持与感知价值
对农户垃圾治理行为决策的影响

6.1 问题的提出

目前，农村人居环境现状不平衡，一些地区的脏乱差问题比较突出，与实现乡村振兴战略目标和农民实现安居乐业的美好愿望存在一定差距，农村居住环境的整体提升仍然是农村地区突出的环境治理短板。为了解决这一问题，在农村地区持续开展了以农村垃圾、污水治理及村容村貌整体提升的综合改造项目，为此，国家投入了大量的物力和财力，取得了一定的成果，但是持续改善农村人居环境，仍然是实施乡村振兴战略的一项基础要务。为加快推进农村人居环境整治，进一步提升农村人居环境水平，各级政府出台各类相关政策，并积极投入大量经费。例如，《陕西省生态环境状况公报》指出，截至 2018 年底，下达省级环保专项资金 10.47 亿元，其中省级环保专项资金 8.78 亿元，重点用于林田湖试点区域水污染防治工作、农村环境综合整治等环境治理项目；"十三五"规划明确提出，截至 2020 年，全国 90% 以上行政村的生活垃圾要得到有效处理。然而，各级政府不断加大垃圾处理的投入力度，目前农村垃圾治理仍面临以下困境：一是农村人口由"农转非"造成外出打工人口增多，"空巢"现象凸显，居住环境半径的日益扩大导致垃圾集中收运难，农村地区垃圾存量大；二是农户长期形成的随意倾倒、焚烧以及填埋的垃圾处理习惯加剧了土地、水等环境污染，甚至威胁到农户的身心健康；三是农户有限的文化知识水平在一定程度上阻碍了其参与资源化处理设施建设以及资源化处理技术接受能力的提升，进而导致农村垃圾处理的资源化程度低。

垃圾分类治理具有公共物品管理属性，而公共物品较强的正外部性导致每个参与者都能通过"搭便车"行为享有垃圾分类处理带来的利益，而不会主动参与其中，因此难以形成有效的集体行动（许增巍等，2016；韩洪云等，2016）。如何破解集体行动的无序性，促进农户积极参与垃圾分类，学术界从宏观层面的政策因素，以及微观层面的个体因素进行了探究（陈绍军等，2015；徐林等，2017）。基于宏观视角，建立相应的法律法规，明确主体的权利与责任义务，消除分类政策的模糊性和冲突性（王学婷等，2019；黄森慰等，2017），建立相应的奖惩制度，形成规范的监督机制可以保障农村垃圾分类政策顺利实施。同时，政府在自上而下的公共物品供给中起到主导作用，提供资金及垃圾分类设施（Chase 等，2009；Shaufique 等，2010），采取相应的激励手段（韩洪云等，2016；Sanchez 等，2016），积极地开展垃圾分类政策的宣传工作，普及垃圾分类的知识（Shaufique 等，2010），为农村垃圾分类政策实施提供了保障措施。目前，政府积极地将这些政策工具广泛地运用于垃圾分类政策的实施，取得了一定的效果，但是，主体参与不足，分类效果不好的现象依然普遍存在（唐林等，2019；王晓楠，2019）。因此，垃圾分类政策的成功实施不仅依靠政府的高效率推动，更需要农户的普遍参与（黄森慰等，2017）。

农户是垃圾处理的直接参与人，同时也是垃圾治理的直接受益人（贾亚娟和赵敏娟，2019），其参与的广度和深度在很大程度上决定着垃圾治理的水平（黄森慰等，2017）。早期个体的微观研究多聚焦在性别、年龄、受教育程度以及收入水平等社会经济学因素对垃圾分类行为的影响（许增巍和姚顺波，2016；韩洪云等，2016；陈绍军等，2015）。随着研究的深入，国内外学者开始探究社会心理学因素对垃圾分类行为的影响机制，以计划行为理论（TPB）和价值信仰理论（VBN）为基础的感知价值因素研究逐渐受到学者关注。学者发现，将外部性的社会成本或收益内化到个人的边际成本（效益）之上能够从根本上解决公共物品的外部性问题，是提高个体参与环境治理活动，形成集体行动的根本方法。与城市居民不同，农村居民的收入水平和环保意识普遍较低，作为"精打细算"的理性人，农户决策的依据为垃圾分类产生的收益与成本的权衡下的效用最大化（王晓楠，2019；蒋磊等，2014）。梳理近期研究发现，感知价值常常被用来度量亲环境行为下的个体收益与成本。一方面，个体参与垃圾分类获取的收益价值判断显著影响效用最大化，进而影响到垃圾分类行为（Zhang 等，2015；María 等，2012；Ava 等，2018）。另一方面，个体因参与垃圾分类而导致的成本价值付出影响其效用的判断，进而影响其参与垃圾分类的热情（Anni，2010；Li 等，2019）。

　　基于农户的视角，农户参与垃圾分类的价值判断显著影响其效用最大化，进而对其参与垃圾分类的决策有显著的影响。而基于政府支持的视角，垃圾分类政策的顺利实施依赖于政府提供的工具、信息等支持。综上所述，既往研究从政府及农户的视角对影响垃圾分类行为的价值因素，以及外部的政策支持工具开展了一系列有益的研究，但仍存在以下不足：一是虽然学术界已经关注到感知价值对垃圾分类行为决策的影响，但是缺乏系统地从成本和收益视角构建和测度感知价值指标；二是鲜有研究将成本—收益纳入统一分析框架中，深入剖析影响农户参与垃圾分类决策的关键感知价值因素；三是缺乏将外部政府支持因素及内部的感知价值因素放在同一个研究框架下，研究二者相互作用下的农户垃圾分类行为决策；四是缺乏不同约束条件下，感知价值因素、政府支持对农户垃圾分类行为决策影响的差异分析。因此，本章通过陕西省垃圾分类试点的调研数据，从成本—收益视角深度剖析制约农户生活垃圾分类行为决策的价值因素，以及影响农户垃圾分类行为决策的政府支持因素，在此基础上，通过政府支持与感知价值的交互项，研究政府支持对感知价值影响农户垃圾分类决策关系的调节作用。最后，本章基于收入、是否分类试点两个约束条件讨论了政府支持、感知价值对农户垃圾分类行为决策的差异化影响路径，以期为建立垃圾分类的保障措施和长效激励机制提供理论依据与实践参考。

6.2 变量的选取与模型构建

6.2.1 变量定义与描述性统计

6.2.1.1 被解释变量

农户垃圾分类行为决策。垃圾分类行为是指个体按照规定的垃圾分类标准（二分类、三分类、四分类等）参与垃圾的分类投放、分类处理的过程，通过分类投放、处理提高了废弃物的重复使用价值及经济价值，且通过分类投放、处理从源头上减少了垃圾最终处理量。基于此，垃圾分类行为决策指农户是否按照分类标准，实施垃圾分类存储、分类投放，参与到垃圾分类过程中。农户垃圾分类行为决策的测度采用问卷中的题项："您目前是否进行了垃圾的分类处理？"回答选项为二分变量，即"0 = 否，1 = 是"。

6.2.1.2 核心解释变量

感知价值如前文 4.2 节所述，从精神收益、物质收益、非物质成本、物质成本四个方面去测度。政府支持如前文 4.1 节所述，从信息支持、激励支持及工具支持三个方面去测度。具体的测量体系详见第 4 章。

6.2.1.3 控制变量

已有研究表明人口统计学特征的性别、年龄、受教育程度、收入水平对垃圾分类行为会产生显著影响（He 等，2016；Yuan 等，2019）。除了上述基于个体视角的影响因素，农户的垃圾分类知识水平、个人的认知、责任归属（李异平和曾曼薇，2019）以及过去垃圾处理习惯（Knussen 等，2004；Saphores 等，2012），均显著影响农户垃圾分类行为。具体地，农户的垃圾分类知识水平通过 10 个与垃圾分类有关的知识进行测度，比如询问农户"秸秆、动物粪便、厨余垃圾都属于可腐垃圾？""垃圾四分类将垃圾分为厨余垃圾、可回收垃圾、有害垃圾、其他垃圾？""PM2.5 是表示空气中直径大于 2.5 的可吸入颗粒物？"回答题项为"0 = 否，1 = 是"。农户回答正确得 1 分，回答错误不得分。农户个人认知通过"堆肥房认知"以及"责任划分"进行测度，具体的题项详见表6-1。过去垃圾处理习惯，通过询问农户"过去是否有出售废品的习惯"进行测量（Hong 等，2019）。

表6-1　变量定义、赋值及描述性统计

变量类别	变量名称	识别问题及赋值	均值	标准差	最小值	最大值
垃圾分类行为决策	是否分类	您是否进行了垃圾分类（0＝否，1＝是）	0.458	0.499	0	1
感知价值	感知价值总指标	因子得分后标准化取值	0.646	0.140	0	1
	精神收益		0.733	0.130	0	1
	物质收益		0.733	0.148	0	1
	非物质成本		0.589	0.255	0	1
	物质成本		0.416	0.246	0	1
政府支持	政府支持总指标	Cov-AHP 计算结果	1.174	0.500	0.420	2.070
	信息支持		2.045	0.634	1	3
	激励支持		0.330	0.332	0	1
	工具支持		3.108	1.665	1	5
个体特征	性别	受访者性别：0＝女性，1＝男性	0.480	0.500	0	1
	年龄	受访者实际年龄	50.39	13.097	20	80
	教育程度	受访者受教育程度：1＝小学，2＝初中，3＝高中，4＝大专，5＝本科及以上	1.770	1.025	1	5
	收入水平	家庭收入的对数	10.74	0.967	6.478	14.085
个体环境素养	垃圾分类知识水平	选择了与环境以及垃圾分类知识有关的10道测试题目	5.679	4.981	2.000	8.000
个体认知	堆肥房认知	您是否认同堆肥房对人体是有害的（0＝否　1＝是）	0.660	0.473	0	1
	责任归属	你是否认同垃圾分类主要是个人的责任（0＝否，1＝是）	0.380	0.485	0	1
	过去的垃圾处理行为	你过去是否有出售废品的习惯（1＝从不出售，2＝偶尔出售，3＝中立，4＝经常出售，5＝总是出售）	3.063	1.461	1	5
村庄特征	是否试点	是否实施垃圾分类试点（0＝否　1＝是）	0.580	0.495	0	1

6.2.2　政府支持、感知价值对农户垃圾分类行为决策影响的模型构建

基于前文的文献综述和假设，构建了基于感知价值的农户垃圾分类决策的影响因素模型。其中被解释变量为生活垃圾分类行为，采用二分类变量，此时 OLS 方法并不适用，因此，本书采用 Probit 模型分析收益感知和成本感知因素对垃圾分类行为决策影响的概率，设定的垃圾分类行为方程如下：

$$Prob(Y_i = 1 \mid X_i) = \Phi(\alpha_0 + \alpha_1 PV_i + \alpha_2 GS_i + \alpha_3 Control_i + \varepsilon_i)$$

$$(6-1)$$

其中，Y_i 表示农户的垃圾分类行为决策，PV_i 表示收益感知的精神收益、物质收益、非精神成本以及物质成本；GS_i 表示政府支持的三个维度，即信息支持、激励支持及工具支持；$Control_i$ 为控制变量，具体包括个体特征、过去的垃圾处理习惯、个体的认知，村庄特征等；ε_i 为残差项。分析式（6-1）感知价值对农户参与垃圾治理的行为影响时，要处理好参与垃圾分类导致的样本选择问题，即感知价值与垃圾分类行为之间可能存在的双向因果关系而导致的内生性问题。因此，本书采用 IV-probit 进行估计，以消除模型可能的内生性问题而导致的估计偏差。感知价值的工具变量选取借鉴苏岚岚等（2018）的做法，工具变量的具体选择标准，详见 6.3.2 小节，通过 IV-probit 模型，进一步验证，在考虑内生性的前提下，感知价值对农户垃圾分类行为决策的影响关系仍然成立。

6.3　政府支持与感知价值影响农户垃圾分类行为决策的实证分析

6.3.1　政府支持和感知价值影响农户垃圾分类行为决策的主效应分析

6.3.1.1　多重共线性检验

本章研究感知价值和政府支持对垃圾分类行为的影响，回归之前考虑到变量之间可能存在的共线性问题，先对变量进行共线性检验。估计结果表明，

变量的方差膨胀因子（VIF）值在 1.040 ~ 6.790，均小于 10，说明变量之间多重共线性的可能性非常小，表 6 - 2 汇总了多重共线性检查结果。

表 6 - 2　多重共线性检验

项目	容忍度	VIF	项目	容忍度	VIF
性别	0.938	1.070	是否试点	0.147	6.790
年龄	0.947	1.060	精神收益	0.922	1.080
教育程度	0.199	5.020	物质收益	0.904	1.110
收入水平	0.791	1.260	非物质成本	0.962	1.040
垃圾分类知识水平	0.155	6.450	物质成本	0.799	1.250
堆肥房认知	0.581	1.720	信息支持	0.484	2.070
责任划分	0.966	1.040	激励支持	0.379	2.640
过去垃圾处理习惯	0.793	1.260	工具支持	0.150	6.660

6.3.1.2　感知价值、政府支持的分维度对农户垃圾分类行为决策的影响

为了探究感知价值、政府支持的分维度对垃圾分类行为决策的影响，本书采用逐步回归的方式，逐步引入感知价值和政府支持的分维度指标，并检验两者分维度对垃圾分类行为的影响，表 6 - 3 结果表明，加入政府支持后，R^2 值由 0.277 上升到 0.295 说明加入政府支持变量后，模型的解释能力增强了，模型的 Log pseudo likelihood 值分别为 - 335.210、 - 326.755，LR χ^2 值分别为 175.83、189.240，P = 0.000，统计结果表明模型具有较好的拟合效果，具体分析如下：

（1）感知价值分维度。

感知价值的精神收益与垃圾分类行为决策在 1% 的水平上显著正相关，边际效益值表明，农户的精神收益提高 1 个单位，其参与垃圾分类概率提升 4.6%。说明当农户认同垃圾分类对环境产生效应以及对个人环境意识、声誉的提升时，其认同程度越高，则进行垃圾分类的概率越高。物质收益对垃圾分类行为有不显著的正向影响。已有研究表明个体多倾向于对具有高回收价值的废弃物进行分类，而物质收益未产生显著影响可能的原因有：一是生活

垃圾分类过程中出售可回收垃圾及处置可腐烂垃圾获取的物质收益金额较小，不足以达到激励农户进行垃圾分类的阈值；二是政府提供的诱导性激励措施，如礼品及现金奖励额度太低，未能引起农户物质收益的感知的提升，因此，物质收益对垃圾分类行为的影响未通过显著性检验。

非物质成本与垃圾分类决策在 5% 的水平上负相关，边际效益值表明，农户的非物质成本提高 1 个单位，其垃圾分类概率降低 3.4%，非物质成本是农户参与垃圾分类的抑制因素。已有研究表明，当农户感知垃圾分类浪费时间，并产生不便利的成本时，农户会放弃垃圾分类（Lee 等，2017；Anni，2010）。从样本农户的基本特征可知，样本农户呈现年龄大、受教育程度低的现状，垃圾分类知识及方法的学习、分类垃圾耗费的体力以及进行分类耗费的时间等都会导致农户感知非物质成本升高而放弃参与垃圾分类，即非物质成本抑制了农户的垃圾分类行为决策。物质成本对垃圾分类行为决策的影响在 1% 的水平上显著负相关，出现这一结论可能的原因：一是受公共物品及服务供给的非均衡性影响，各个地区的政府支持水平差异较大，分类设施不足、集中回收频率低等现象依然存在，由此导致农户需要自己配备分类垃圾桶或者建立临时的垃圾堆放点，导致成本感知上升；二是受垃圾分类成本分担预期增长的影响，农户担忧实施垃圾分类可能导致垃圾处理费上升，以及建立可循环分类处理设施而导致的个人分摊成本的增长，物质成本的上升必然导致农户参加垃圾分类的积极性降低，进而降低其参与垃圾分类的概率。边际效益值表明，农户的物质成本提高 1 个单位，其参与垃圾分类的行为决策降低 9.8%。

（2）政府支持的分维度。

信息支持对垃圾分类行为决策影响不显著，已有研究表明，社会宣传活动推广时间越长，居民的垃圾分类水平越高（Iyer 和 Kashyap，2007；Wang 等，2019）。基于此，可能的原因是受访地区处于垃圾分类的初期，宣传推广时间较短，信息支持对垃圾分类行为影响效应未充分释放。激励支持与农户垃圾分类行为在 10% 的水平上显著负相关。边际效益值表明，政府的激励支持提高 1 个单位，农户的垃圾分类决策降低 13.9%。可能的原因是，调研区域的垃圾激励制度设置相对简单，对于农户的垃圾分类行为，以小礼品激励的形式为主，且奖惩制度也设计得相对简单，因此不仅没有达到激励的农户行为的目的，反而由于激励不足导致农户的分类行为受到抑制。政府支持的工具支持与垃圾分类行为在10%水平上显著正相关，边际效益值表明，政府的工具支持提高1个单位，农户的垃圾分类概率提升4.5%。

（3）控制变量的影响。

在人口统计学变量方面，性别、年龄均并未通过显著性检验；受教育水平对垃圾分类行为决策在1%的水平上显著负相关，受教育程度高提升1个单位，农户参与垃圾分类概率降低3.7%，可能的原因是垃圾分类试点具有一定的强制性，相较于受教育水平高的农户，受教育程度较低的农户会表现出更高的政策服从度；家庭年收入与垃圾分类行为决策在1%的水平上显著负相关，边际效益值表明，家庭年收入提升1个单位，农户参与垃圾分类的决策概率减低12.6%。可能的原因是，相较于收入较高的农户，收入较低的农户更容易受到物质激励，而积极地投入垃圾分类活动中。垃圾分类知识水平对垃圾分类行为的影响未通过显著性检验。堆肥房认知与垃圾分类行为决策在5%的水平上显著负相关，农户堆肥房有害的认知提升1个单位，则其参与垃圾行为决策概率降低9.2%。可能原因是，当农户认为堆肥房有害健康时，出于自身健康的考虑，其选择放弃参与垃圾分类，产生"邻避效应"。农户的责任划分认知与农户垃圾分类行为决策在1%的水平上显著相关，说明认为垃圾分类主要是个人责任的农户，其认知提升1个单位，则进行垃圾分类的概率提升24.3%。过去垃圾处理习惯，结果显示"出售废品的行为"与农户垃圾分类行为决策在1%的水平上显著正相关，出售废品习惯提升1个单位，则农户的垃圾分类概率提升5.0%，说明具有废品出售习惯的农户，其参与垃圾分类的概率较高。垃圾分类试点与农户垃圾分类行为决策在1%的水平上显著正相关，即分类试点区的农户其垃圾分类的概率比非试点区农户高32.9%。出现这一情况的可能解释是，在我国垃圾分类试点属于政府引导的"强制"分类行为，因此，处于分类试点区的农户，其垃圾分类的概率要远大于非试点区的农户。

表 6 – 3　感知价值、政府支持的分维度对农户垃圾分类行为的影响

变量名称	模型 1		模型 2	
	系数	边际效应	系数	边际效应
精神收益	0.158 ***	0.045 ***	0.167 **	0.046 **
	(0.062)	(0.017)	(0.067)	(0.018)
物质收益	0.025	0.007	0.196	0.054
	(0.031)	(0.009)	(0.286)	(0.078)
非物质成本	− 0.114 **	− 0.032 **	− 0.123 **	− 0.034 **
	(0.057)	(0.016)	(0.059)	(0.016)
物质成本	− 0.371 ***	− 0.105 ***	− 0.355 ***	− 0.098 ***
	(0.059)	(0.016)	(0.059)	(0.016)
信息支持			0.150	0.041
			(0.133)	(0.037)
激励支持			− 0.507 *	− 0.139 *
			(0.289)	(0.079)
工具支持			0.162 *	0.045 *
			(0.086)	(0.023)
性别	0.077	0.022	0.057	0.016
	(0.115)	(0.032)	(0.116)	(0.032)
年龄	− 0.001	0.000	0.000	0.000
	(0.005)	(0.001)	(0.005)	(0.001)
受教育水平	− 0.281 ***	− 0.079 ***	− 0.133 **	− 0.037 ***
	(0.077)	(0.021)	(0.053)	(0.014)
收入水平	− 0.635 ***	− 0.179 ***	− 0.458 *	− 0.126 **
	(0.239)	(0.066)	(0.237)	(0.064)
垃圾分类知识水平	0.046	0.013	0.074	0.020
	(0.124)	(0.035)	(0.127)	(0.035)
堆肥房认知	− 0.101 **	− 0.029 **	− 0.336 ***	− 0.092 ***
	(0.051)	(0.014)	(0.078)	(0.021)
责任划分	1.030 ***	0.291 ***	0.885 ***	0.243 ***
	(0.236)	(0.065)	(0.161)	(0.041)
过去垃圾处理习惯	0.573 ***	0.162 ***	0.180 ***	0.050 ***
	(0.132)	(0.035)	(0.064)	(0.017)

变量名称	模型1		模型2	
	系数	边际效应	系数	边际效应
是否试点	0.858 ***	0.242 ***	1.195 ***	0.329 ***
	(0.166)	(0.043)	(0.245)	(0.065)
Log pseudo likelihood	−335.210		−326.755	
LR χ^2	175.83		189.240	
Pseudo R^2	0.277		0.295	
样本量	672			

注：***、**、*分别表示在1%、5%、10%的统计水平上显著。

6.3.2　感知价值的内生性检验

解释感知价值对农户垃圾分类行为的影响时必须要考虑内生性的问题，一方面，可能是农户垃圾分类行为导致了农户感知价值的提升，即可能存在反向因果关系。另一方面，感知价值影响农户垃圾分类行为时，未被观察到的遗漏变量以及可能存在的测量误差亦会导致估计结果产生偏误。本书基于收益、成本的视角对感知价值的指标进行测度。基于理性经济人理论，农户行为决策的依据为效用的最大化，即收益减去成本的净值，而效用最大化受到收入的影响，因此，同等收入的农户其感知价值具有趋同性。为解决可能的内生性问题，本书参考相关文献（苏岚岚等，2018），选取同一村庄，同等收入阶层的其他受访农户的平均感知价值水平作为受访农户感知价值的工具变量。首先，个人的感知价值水平受同村庄其他农户的感知价值影响，满足工具变量与原变量的高度相关；同时，同村庄其他农户的感知价值水平与受访农户的垃圾分类决策不直接相关，满足外生性要求。本书运用 IV - probit 进行内生性检验，将样本按照2017年陕西省统计年鉴公布的农户收入水平，将收入水平划分为低、中、高三个组别（对应收入阶层 h 的取值分别为1、2、3），感知价值的工具变量值为剔除村庄 j 收入阶层为 h 的第 i 个农民的同一村庄同等收入阶层其他样本感知价值水平的均值，详见式（6 - 2），其中 N_{jh} 表示村庄 j 收入阶层为 h 的样本数量。

$$IVpv = \left[\left(\sum_{i=1}^{N_{jh}} PV_{jhi} \right) - PV_{jhi} \right] / (N_{jh} - 1) \qquad (6-2)$$

表6-4中汇报了感知价值工具变量对垃圾分类行为决策的影响效应,其控制变量与回归模型2相同,表中只列示了感知价值及回归模型的拟合优度指标。从 IV - probit 第一阶段的回归结果分析,Wald 内生性检验结果显示,在5%水平上拒绝感知价值不存在内生性的假设。第一阶段估计的 F 值 37.42,大于10%水平下的临界值16.38(吴卫星,2018),表明选取同一村庄,同等收入阶层的其他受访者的平均感知价值水平作为受访者感知价值的工具变量是合适的,不存在弱工具变量问题。IV - probit 两阶段的估计结果显示,感知价值与垃圾分类行为决策在1%的水平上显著正相关,系数为3.22。模型4中 Logit 模型的估计结果表明,感知价值工具变量与农户垃圾分类行为决策在1%的水平上显著正相关,工具变量的检验结果与基础回归结果保持一致,说明基础回归结果可靠。

表6-4 感知价值工具变量对农户垃圾分类行为的影响

变量	模型3(Probit)		模型4(IV - probit)	
	系数	标准误	系数	标准误
感知价值	0.923 ***	0.201	3.224 ***	0.673
控制变量	已控制		已控制	
LR χ^2/Wald χ^2	125.790		128.310 ***	
一阶段 F 值			37.420 ***	
Pseudo R^2	0.258			
DWH 内生检验值			0.044	
样本量	672		672	

注:①考虑到篇幅限制,影响不显著的估计结果未列出。
②控制变量与基础回归一致,估计结果略。
③ *** 、 ** 、 * 分别表示在1%、5%、10%的统计水平上显著。

6.3.3 政府支持和感知价值交互项对农户垃圾分类行为决策的影响分析

研究感知价值、政府支持对农户垃圾分类意向影响时发现,政府支持、感知价值的交互项对垃圾分类参与意愿、支付意愿以及分类模式选择意愿的影响均存在显著的差异。基于此,研究政府支持和感知价值对农户垃圾分类行为决策影响时,要考虑到二者的交互项对农户垃圾分类行为决策的差异化影响路径。因此,本部分将政府支持和感知价值的交互项加入模型中进行检验,同时本节使用 OLS 模型进行稳健性检验。估计结果见表 6 - 5。统计结果表明,政府支持与感知价值的交互项在 1% 的水平上显著正向影响农户的垃圾分类行为,感知价值高的农户,随着政府支持水平的提升,其参与垃圾分类的概率更高。

信息支持与物质成本的交互项在 1% 的水平上显著影响农户垃圾分类行为决策,农户的感知物质成本对农户参与垃圾分类的作用受到推广等信息支持的影响。具有较高物质成本的农户,随着信息支持的力度提升,其参与垃圾分类行为决策得到提升。激励支持与精神收益、物质成本的交互项在 5% 的水平上显著相关。具体地,具有较高感知精神收益的农户,其具有较强的垃圾分类内生动力,而政府提供的激励支持,导致农户参与垃圾分类的动力下降,抑制了其垃圾分类行为。可能的原因是即使在垃圾分类试点区域,由于实施垃圾分类的时间不长,未建立配套的声誉等方面的奖惩制度,导致精神收益高的农户表现出更低的垃圾分类行为决策。具有较高物质成本的农户,其垃圾分类的内生动力不足,而政府提供的激励支持,导致其垃圾分类的内生动力进一步下降,表现出更低的垃圾分类决策。虽然有研究表明,补贴或税收减免等激励政策有助于提高个体的垃圾分类行为。但在提供激励支持的调研区域,当地政府提供的激励支持存在形式单一,物质激励的力度小,只是简单以小礼品的方式进行激励,并未对具有较高回收价值的垃圾进行补贴等问题,因此未达到激励农户分类行为的目的。

工具支持与精神收益的交互项在 10% 的水平上显著影响农户垃圾分类行为,精神收益高的农户,其垃圾分类行为随着外部工具支持的增强,其参与分类的概率提升。主效应分析结果表明,具有较高精神收益的农户,其基于环境保护的需求,追逐声誉的诉求等会激励其参加垃圾分类,随着政府提供充足的分类垃圾桶、设置垃圾集中回收装置等,这一影响效应被加强,即农户参与垃圾分类的概率被提升。可能的原因是,在农村地区,政府是公共物品的主要供给者，当政府为实施垃圾分类投入物力以及财力时，向农户展示了政府实施公共物品管理的决心，激励了农户的垃圾分类行为决策。

表 6-5　政府支持、感知价值交互项与农户垃圾分类行为

变量	模型 5		模型 6	
	Probit	OLS	Probit	OLS
政府支持 × 感知价值	0.248 ***	0.060 ***		
	(0.060)	(0.020)		
信息支持 × 物质成本			0.743 ***	0.230 ***
			(0.258)	(0.061)
激励支持 × 精神收益			-0.503 **	-0.097 *
			(0.252)	(0.058)
激励支持 × 物质成本			-0.382 **	-0.096 ***
			(0.150)	(0.036)
工具支持 × 精神收益			0.088 *	0.026 **
			(0.050)	(0.013)
Log pseudo likelihood	-336.609			
LR χ^2	140.60			
Pseudo R^2	0.273		0.320	
调整后 R^2		0.402		0.418
样本量	672		672	

注：①考虑到篇幅限制，影响不显著的估计结果未列出。
　　②控制变量与基础回归一致，估计结果略。
　　③*** 、** 、* 分别表示在1%、5%、10%的统计水平上显著。

6.3.4　政府支持和感知价值对农户垃圾分类行为决策影响的差异分析

6.3.4.1　不同收入水平的差异性分析

效用的最大化受收入约束，Anni（2010）研究发现，收入差距直接影响了芬兰的垃圾回收率。为了进一步探究不同收入约束条件下收益感知和成本感知对行为的影响路径，本书以陕西省 2018 年统计年鉴公布的陕西省 2017年人均可支配收入 10265 元为基准，将高于年鉴人均家庭收入的农户设为高收入组，低于的设为低收入组。运用 Probit 模型探讨不同收入水平下，收益感

知及成本感知对垃圾分类行为决策影响的差异化路径，同时采用 OLS 进行稳健性检验，具体结果见表 6 - 6。

表 6 - 6 不同收入水平下感知价值、政府支持的分维度对分类行为的影响

	低收入组		高收入组	
	Probit	OLS	Probit	OLS
精神收益	0.079 ***	0.076 ***	0.014	0.027
	(0.023)	(0.028)	(0.021)	(0.023)
物质收益	0.065	0.026	0.052	0.034
	(0.055)	(0.044)	(0.034)	(0.039)
非物质成本	0.023	0.037	− 0.241 **	− 0.234 *
	(0.024)	(0.025)	(0.117)	(0.135)
物质成本	0.038 *	0.051 **	− 0.125 ***	− 0.153 ***
	(0.021)	(0.020)	(0.017)	(0.020)
信息支持	0.220 ***	0.178 ***	− 0.033	− 0.013
	(0.053)	(0.050)	(0.041)	(0.043)
激励支持	− 0.038	− 0.019	− 0.261 **	− 0.340 ***
	(0.088)	(0.090)	(0.109)	(0.116)
工具支持	0.081 *	0.083 ***	0.048 **	0.053 **
	(0.043)	(0.028)	(0.020)	(0.022)
其他变量	已控制	已控制	已控制	已控制
Log pseudo likelihood	146.850		119.260	
LR χ^2	− 96.650		− 161.037	
Pseudo R^2	0.533		0.372	
R^2		0.525		0.398
样本量	295		377	

注：* 、** 、*** 分别表示在 10%、5% 和 1% 的统计水平上通过显著性检验。

收入进一步分组后发现：感知价值的精神收益与低收入组农户的分类行为决策在 1% 的行为上显著正相关，对高收入的农户未通过显著性检验。说明当低收入的农户感知精神收益高时，其参与垃圾分类的概率大。因此，感知精神收益对高收入组、低收入组的农户垃圾分类行为决策影响存在差异。感知价值的物质收益对高收入组、低收入组农户垃圾分类行为的影响均未通过

显著性检验。感知价值的非物质成本与高收入组农户的垃圾分类行为决策在5%的水平上显著负相关，与低收入组农户的分类行为未通过显著性检验，说明当高收入组的农户感知时间、体力、学习等非物质成本较高时，会阻碍其参加垃圾分类，而低收入组农户不存在此负向影响关系。因此，感知非物质成本对高收入、低收入组的农户分类行为影响存在差异。物质成本对低收入组农户在10%的水平上显著正向影响，而对于高收入组的农户在1%的水平上显著负向影响，可能的原因为低收入组农户为垃圾分类付出的物质成本越高，基于损失厌恶的心理其继续参与垃圾分类的心理越强，参与垃圾分类的概率越高。而对于高收入组农户，感知物质成本越高，其认为垃圾分类越麻烦，参与垃圾分类的频率越低。综上所述，感知价值的精神收益、非物质成本以及物质成本在收入的约束下呈现出不同的影响路径。

政府支持的信息支持与低收入组农户的垃圾分类行为决策在1%水平上显著正相关，对高收入组农户的垃圾分类行为影响未通过显著性检验。说明低收入组农户，随着政府提供的推广服务等信息支持的增强，农户参与垃圾分类的概率提升，而高收入组农户参与垃圾分类决策不受政府推广的影响。因此，信息支持对高收入组、低收入组农户的垃圾分类行为决策的影响路径存在显著差异。激励支持与高收入组农户的垃圾分类行为决策在5%的水平上显著负相关，对低收入组农户的影响未通过检验。即存在物质激励的地区，高收入组农户参与垃圾分类的概率降低了，而低收入组的农户行为无显著变化。激励支持对高收入组、低收入组农户的垃圾分类行为决策的影响路径存在显著差异。工具支持与低收入组、高收入组农户的垃圾分类行为分别在10%、5%水平上显著正相关。随着政府工具支持的提升，高收入组、低收入组农户参与垃圾分类的概率均得到了提升。工具支持对高收入组、低收入组农户的垃圾分类行为的影响无显著差异。综上所述，政府支持的信息支持及激励支持对高收入组、低收入组农户的垃圾分类行为决策的影响路径存在显著差异，而工具支持对垃圾分类行为决策的影响在高收入组、低收入组中不存在显著差异。

6.3.4.2 试点与非试点区域的差异性分析

主效应分析表明，"是否分类试点"对农户垃圾分类行为决策有显著的影响，试点区域的垃圾分类属于政府引导下的"强制"分类行为，同时，试点区域与非试点区域政府的公共物品供给亦存在差异。因此，本书进一步分类了试点区域与非试点区域感知价值、政府支持对农户垃圾分类行为决策的差异化影响路径。在 Probit 检验的基础上，加入 OLS 进行稳健性检验。回归结果详见表6-7。

表6-7　试点与非试点区域感知价值、政府支持的分维度对分类行为的影响

	试点区域		非试点区域	
	Probit（系数）	OLS	Probit	OLS
精神收益	0.277 ***	0.072 ***	0.208 **	0.050 **
	(0.098)	(0.023)	(0.084)	(0.023)
物质收益	0.203 *	0.046 *	0.091	0.029
	(0.111)	(0.024)	(0.084)	(0.024)
非物质成本	− 0.222 **	− 0.057 ***	− 0.030	− 0.002
	(0.087)	(0.021)	(0.084)	(0.025)
物质成本	− 0.372 ***	− 0.092 ***	− 0.283 ***	− 0.089 ***
	(0.083)	(0.024)	(0.086)	(0.027)
信息支持	0.486 *	0.156 *	− 0.290	− 0.083
	(0.291)	(0.066)	(0.201)	(0.059)
激励支持	− 0.196 **	− 0.055 ***	− 2.218 **	− 0.390 *
	(0.079)	(0.021)	(0.968)	(0.200)
工具支持	1.460 **	0.045 **	0.353	0.122
	(0.670)	(0.021)	(0.298)	(0.082)
其他变量	已控制	已控制	已控制	已控制
Log pseudo likelihood	− 163.225		− 154.591	
LR χ^2	103.240		99.96	
Pseudo R^2	0.368		0.257	0.430
R^2		0.394		
样本量	387		285	

"是否试点区域"分组回归后发现，感知价值的精神收益与试点区域、非试点区域农户的垃圾分类行为决策分别在1%以及5%的水平上显著正相关，即无论是试点区域还是非试点区域，感知精神收益高的农户，其垃圾分类的

概率高。因此，感知收益对试点、非试点区域农户的分类行为决策的影响路径不存在差异化。物质收益与试点区域的农户垃圾分类行为在 10% 的水平上正相关，对非试点区域的农户垃圾分类决策的影响未通过显著性检验，说明当处于垃圾分类试点区域的农户感知物质收益较高时，其参与垃圾分类概率提升，因此，物质收益对试点、非试点区域农户的分类行为决策影响路径存在差异。非物质收益与试点区域的农户垃圾分类行为在 5% 的水平上负相关，对非试点区域的农户垃圾分类的影响未通过显著性检验。说明当处于垃圾分类试点区域的农户非物质成本提高时，其参与垃圾分类概率将会降低，而处于非试点区域的农户，非物质成本对其参与垃圾分类概率之间无显著影响。因此，非物质成本对试点、非试点区域农户的垃圾分类行为的影响路径存在差异。物质成本与试点区域、非试点区域农户的垃圾分类行为决策分别在 1%以及 5% 的水平上显著正相关，即无论是试点区域还是非试点区域，感知物质成本高的农户，其垃圾分类行为受到抑制，因此，感知物质成本对试点、非试点区域农户的分类行为决策的影响不存在差异路径。综上所述，感知价值的物质收益、非物质成本对试点、非试点区域农户的分类行为决策的影响存在显著差异，而精神收益和物质成本对试点、非试点区域农户垃圾分类行为决策影响不存在显著差异。

政府支持中的信息支持与试点区域农户的垃圾分类行为决策在 10% 水平上显著正相关，对非试点区域农户的垃圾分类行为影响未通过显著性检验。在试点区域，随着信息支持的增强，农户参与垃圾分类的概率提升。因此，信息支持对试点、非试点区域农户的行为决策影响路径存在显著差异。激励支持与试点区域、非试点区域农户的垃圾分类行为均在 5% 的水平上显著负相关，即存在物质激励的地区，农户参与垃圾分类的概率降低了。工具支持与试点区域农户的垃圾分类行为决策在 5% 水平上显著正相关，对非试点区域农户的垃圾分类行为决策影响未通过显著性检验。在试点区域，随着政府工具支持的提升，农户参与垃圾分类的概率提升了。综上所述，政府支持的信息支持及工具支持对试点、非试点区域农户的分类行为决策的影响路径存在显著差异，而激励支持对分类行为影响不存在显著差异。

6.4　本章小结

本章基于政府支持、感知价值的视角，运用 Probit 模型考察了政府支持、感知价值的分维度对农户垃圾分类行为的影响路径，考虑到感知价值与垃圾分类行为决策可能的反向因果关系以及由于遗漏变量等问题产生的内生性，引入感知价值的工具变量，并利用 IV - probit 模型对感知价值、政府支持影响农户垃圾分类行为进行了检验。同时，为了进一步深入探讨感知价值、政府支持对农户垃圾分类行为的作用机制，引入政府支持、感知价值的交互项，探讨政府支持对感知价值影响农户垃圾分类行为关系的调节作用。最后，根据主效应回归以及分类行为的特征分析，将样本区域分为高收入组、低收入组区域以及试点区域、非试点区域检验了感知价值、政府支持的分维度对农户垃圾分类行为的差异化影响路径。为了进一步验证上述结果的可靠性，引入 OLS 方法同时进行检验。研究发现：

（1）主效应回归发现，精神收益、非物质成本及物质成本是影响农户垃圾分类行为决策的价值因素，激励支持与工具支持是影响农户垃圾分类行为决策的政府支持因素。具体来说，在农户的价值排序中，物质成本对农户垃圾分类行为决策影响效应最大，农户的物质成本提高 1 个单位，其垃圾分类概率降低 9.8%，其次是精神收益，农户的精神收益提高 1 个单位，其垃圾分类概率提升 4.5%。最后是非物质成本，农户的非物质成本提高 1 个单位，其垃圾分类概率降低 3.2%。政府支持的激励支持显著负向影响农户垃圾分类行为决策，激励支持提升 1 个单位，农户的垃圾分类概率降低 13.9%。工具支持与垃圾分类行为显著正相关，工具支持提高 1 个单位，农户的垃圾分类概率提升 4.5%。其他控制变量中，"是否试点"是影响农户垃圾分类行为第一大影响因素，分类试点区农户的垃圾分类概率是非试点区的 32.9%。接下来是对垃圾分类责任的认知，认为垃圾分类决策的主要责任是个人的农户，其垃圾分类概率比认为是政府的高 24.3%。农户的受教育程度、家庭年收入、堆肥房有害性认知均与农户的垃圾分类行为决策负相关，而过去垃圾处理习惯与农户分类行为决策正相关。

（2）政府支持、感知价值交互项统计结果表明，政府支持与感知价值的交互项在1%的水平上显著正向影响农户的垃圾分类行为决策，感知价值高的农户，随着政府支持水平的提升，其参与垃圾分类的概率更高。分维度调节效应表明，信息支持对物质成本负向影响农户垃圾分类行为决策的关系具有抑制作用，即具有较高感知物质成本的农户，随着信息支持的力度提升，其参与垃圾分类的概率提升了。激励支持对精神收益、物质成本影响农户垃圾分类行为的关系具有负向调节作用。具体来说，激励支持地区，具有较高感知精神收益的农户，其垃圾分类概率降低，较高物质成本的农户，受激励支持的负向调节作用影响，垃圾分类的概率更低。工具支持对精神收益显著影响农户垃圾分类行为决策的关系具有正向调节作用，精神收益高的农户，随着外部工具支持的增强，其分类的概率进一步提升。

（3）基于收入分群回归统计结果发现，精神收益、物质成本是影响低收入组农户垃圾分类行为决策的主要感知价值因素，而物质成本及非物质成本是影响高收入农户垃圾分类行为的主要感知价值因素，因此，精神收益、非物质成本对高收入组、低收入组农户的垃圾分类行为存在不同的影响路径，而物质收益及物质成本对高收入组、低收入组垃圾分类行为不存在差异化影响路径。基于政府支持的视角，信息支持、工具支持正向影响低收入组农户的垃圾分类行为决策，激励支持对低收入组农户参与垃圾分类的概率无显著影响；工具支持正向影响高收入组农户参与垃圾分类的概率，激励支持负向影响高收入组农户参与垃圾分类的概率。因此，政府支持的信息支持及激励支持对高收入组、低收入组农户的垃圾分类行为决策的影响路径存在显著差异，而工具支持不存在差异化影响路径。"试点与否"的分群回归统计结果发现，精神收益、物质收益、非物质成本与物质成本是影响试点区域农户垃圾分类行为的价值感知因素，而精神收益、物质成本为影响非试点区域农户垃圾分类行为决策的价值感知因素。因此，物质收益及非物质成本对试点、非试点区域农户的垃圾分类行为决策存在不同的影响路径，而精神收益、物质成本对试点、非试点区域农户的分类行为决策影响不存在差异化影响路径。

试点区域，政府支持的信息支持、工具支持正向影响农户参与垃圾分类的概率，激励支持负向影响农户参与垃圾分类的概率；非试点区域，激励支持负向影响农户参与垃圾分类的概率。因此，政府支持的信息支持及工具支持对试点、非试点区域农户的垃圾分类行为决策的影响路径存在显著差异，而激励支持不存在差异化影响路径。

7 政府支持与感知价值
对农户垃圾治理福利效应的影响

7.1 问题的提出

经济的快速发展促进了农村地区经济水平的提高及农民生活方式的转变。农村地区不仅是城市地区的资源补给地，在某种程度上也是其废弃物处理的消解地，导致农村地区垃圾存量庞大、垃圾种类繁多。此外，城乡二元经济结构下的区域优先发展战略导致政府对城乡环境治理的投入存在非均衡性。目前，部分农村地区由于缺乏充足的垃圾处理设施，仍然存在垃圾随意丢弃、露天焚烧等现象，这不仅影响了农村地区环境质量，且加剧了病菌传播、地下水污染，进而导致农户自身的幸福感、福利感知水平下降，与乡村振兴战略目标和农民群众对美好生活的期盼还存在一定的差距。为了解决农村地区环境问题，提升农户生活幸福感，中央预算进一步向农业、农村倾斜，加大中央和地方财政"三农"投入力度。2018 年 2 月 6 日，中共中央办公厅、国务院办公厅印发了《农村居住环境整治三年行动方案》，为此各级政府投入了极大的热情和经费支持，截至 2018 年 9 月底，仅陕西省蒲城县投入 3.6 亿元用于垃圾焚烧发电，2020 年底前，陕西省完成 4200 个行政村农村环境综合整治。

农户作为微观经济个体，其参与垃圾治理的福利效应水平直接影响垃圾分类政策实施的成败。因此，探究农户参与垃圾治理的福利效应生成逻辑，赋予其政策激励含义，对完善农村地区环境治理的保障制度设计具有重要的现实借鉴意义。阮荣平等（2011）从宗教信仰、宗教参与程度剖析了福利的影响因素。也有学者从社会养老保险（郑晓冬和方向明，2018）、新农保（何泱泱和周钦，2016）、户籍身份转换（温兴祥和郑凯，2019）等角度剖析了外部政策对福利的影响机制。近年来，随着环境问题关注度不断提升，学者开始聚焦福利效应的生成机制。朱欢和王鑫（2019）研究发现，良好的生态环境不仅直接提升了居民生活满意度，还间接带来了经济收益。同时，有研究发现，农户参与秸秆资源化处理时会产生环境治理的福利效应，个体特征，如性别、受教育水平、收入水平以及身体健康程度等因素显著影响环境治理的福利效应（颜廷武等，2016）。随着研究的深入，国内外学者研究发现，垃圾分类行为产生了溢出效应，即影响了其他亲环境行为，比如绿色消费行为，绿色环保行为等（Xu 等，2018；Wang 等，2020）。

尽管学术界对福利效应的生成机制进行了有益的尝试，但针对农户参与垃圾治理的福利效应鲜有研究。已有研究表明，感知价值对农户亲环境行为具有显著的正向影响，感知价值水平高的农户更倾向于参与环境保护活动，而较低的感知价值制约农户参与环境治理的积极性（颜廷武等，2016），进而抑制了农户参与环境治理的福利效应程度。因此，感知价值与农户参与垃圾治理的福利效应之间的关系有待进一步研究。此外，农户参与垃圾治理的福利水平是在一定制度框架下产生的，已有研究表明政府支持等情境因素，会显著影响农户参与环境治理的积极性，进而影响环境治理的福利水平（朱欢和王鑫，2019），因此，探究农户参与垃圾治理的福利效应，还需关注情境因素的政府支持。鉴于此，本章分别从内部的感知价值视角，外部的政府支持视角，讨论并解释政府支持、感知价值对农户参与垃圾治理的福利效应的两条影响路径：感知价值—垃圾分类行为—福利效应，以及政府支持—垃圾分类行为—福利效应。基于此，本章首先检验农户参与垃圾分类后其福利效应水平是否得到提升，在此基础上通过中介效应模型检验两条影响路径。以上问题的探索有助于为垃圾分类政策的实施困局提供破解之策，同时为政府完善环境治理的政策支持提供理论依据和价值参考。

7.2 变量的选取与模型构建

7.2.1 变量选取与描述性统计

7.2.1.1 因变量

福利最早指美好的生活。马歇尔认为福利是物质和精神两方面的复合体，庇古将福利划分为经济福利和一般福利，阿马蒂亚·森将福利水平定义为个人的功能性活动和自由程度两方面。福利概念随社会发展被赋予了更丰富的内涵（施雯等，2015），国内学者从经济含义、健康水平、社会关系和环境质量等方面测度福利水平（阮荣平等，2011；郑晓冬和方向明，2018），杨志海研究生产环节外包与农户福利关系时，将收入作为度量福利效应的指标（杨志海，2019），国内外学术界还将个体获得的幸福感及生活满意度作为福利的测度指标（Ferreira 和 Moro，2010；朱欢和王鑫，2019）。理论上，源头分类能够有效减少垃圾焚烧的数量，实现垃圾处理的减量化和无害化，减少垃圾对环境的污染（Fronning 等，2008）；良好的生态环境有益于农户的身体健康，有益于优化农村养老环境，吸引更多的农户在乡养老；垃圾分类能够促进乡村环境变美，有利于美丽乡村的建设（张志坚等，2019），以上环境、生活等方面的改善均能提升农户的幸福感及生活满意度。因此，本书采用生活满意度表征垃圾分类的主观福利效应。

近期的环境心理学研究越来越重视识别行为溢出，即实施一种亲环境行为（PEB）可能会改变实施其他亲环境行为的可能性（Lanzini 和 Thøgersen，2014），基于此，本书将客观福利定义为垃圾治理对其他亲环境行为产生的溢出效应。已有研究表明，一种亲环境行为可能对另一种亲环境行为产生正向的溢出效应（Xu，2018）。亲环境认同被广泛认为是解释正溢出的一个关键机制（Truelove 等，2014），即当人们将自己作为环境保护主义者时，他们自己更倾向于采取亲环境行为，如减少浪费，绿色购物，家庭节能等（Whitmarsh 和 O'Neill，2010）。基于此，当农户参与垃圾治理后，其有可能产生亲环境认同，进而产生对其他亲环境行为的溢出效应。因此，垃圾分类不仅能产生农户的生活幸福感及生活满意度上升的主观福利，也会产生对其他亲环境行为提升的客观福利效应（Xu 等，2018）。基于上述分析，本书的客观福利从绿色购物，减少浪费的视角进行测度，具体包括"使用环保购物袋的频率""塑料包装袋进行重复利用的频率""购买安全品牌肉的频率""购买有机化肥的频率"（Xu 2018；黄艳敏和柴明月，2020；郭清卉等，2021）。表7-1为客观福利指标的问题识别及赋值，以及因子分析的结果。

表7-1　客观福利指标的因子分析

	识别问题及赋值	均值	因子载荷	Cronbach's α
客观福利	使用环保购物袋的频率（1＝从未；2＝偶尔；3＝一般；4＝经常；5＝总是）	2.580	0.927	0.851
	塑料包装袋进行重复利用的频率（1＝从未；2＝偶尔；3＝一般；4＝经常；5＝总是）	4.104	0.727	
	购买安全品牌肉的频率（1＝从未；2＝偶尔；3＝一般；4＝经常；5＝总是）	2.884	0.900	
	购买有机化肥的频率（1＝从未；2＝偶尔；3＝一般；4＝经常；5＝总是）	2.827	0.769	
KMO 取样适切性量数		0.698		
巴特利特球形度检验				
近似卡方		1664.843		
自由度		6		
显著性		0.000		

表7-1汇总了客观福利的因子分析结果。具体来看，"使用环保购物袋频率"的均值为2.580，"塑料包装袋进行重复利用的频率"的均值为4.104，"购买安全品牌肉频率"的均值为2.884，"购买有机化肥频率"的均值为2.827，说明在四个亲环境行为中，农户重复使用包装袋的行为发生频率最高，而使用环保购物袋的频率、购买安全品牌肉、购买有机化肥的频率相对较低；四个题项的因子载荷均在0.5以上，最低为0.727，说明题项是有效的，同时从克隆巴哈系数分析，客观福利的克隆巴哈系数为0.851，说明问卷的信度较好。KMO 统计量在0.698，巴特利特球形度统计量在1%置信水平上

显著，近似卡方值达到1664.843。统计结果表明可以采用因子分析法对客观福利进行测度分析。

7.2.1.2 核心自变量

本书的核心自变量为农户是否参与垃圾分类。通过询问农户："您家庭是否进行了垃圾分类，0=否 1=是"进行度量；同时为了进一步检验感知价值—垃圾分类行为—福利效应，以及政府支持—垃圾分类行为—福利效应两条影响路径，将政府支持、感知价值作为本章的核心变量，其具体的测算及度量方法，详见第4章。

7.2.1.3 控制变量

为了厘清影响农户参与垃圾分类及农户垃圾治理福利效应的影响因素，借鉴已有的相关研究，选取户主特征、垃圾治理素养、行为控制和区域特征作为控制变量。具体来说，户主特征包括年龄、性别、受教育程度、家庭收入水平、受访者健康状况（陈绍军等，2015）；垃圾治理素养通过垃圾分类知识水平及垃圾处理技能进行表征。行为控制通过询问农户垃圾分类的责任归属进行测度（Siegwart和Linda，2007）；区域特征包括村庄的富裕程度、村庄的污染状况、村庄距乡镇的距离以及是否开展垃圾分类进行测度。具体的赋值及测度详见表7-2。描述性统计结果显示，受访者女性多于男性，平均年龄为50.4岁，受教育程度多处于小学和初中，健康状况良好。

表7-2 变量定义、赋值及描述性统计

变量	识别问题及赋值	均值	标准差	最小值	最大值
主观福利	您对目前生活的总体评价是1=非常不满意，2=比较不满意，3=中立，4=比较满意，5=非常满意	3.930	0.801	1	5
客观福利	因子分析结果	0.000	1.000	-1.548	1.560
垃圾分类行为	是否进行垃圾分类（0=否，1=是）	0.460	0.500	0	1
性别	受访者性别：0=女性，1=男性	0.480	0.500	0	1
年龄	受访者实际年龄	50.390	13.097	20	80
教育程度	受访者受教育程度：1=小学，2=初中，3=高中，4=大专，5=本科及以上	1.770	1.025	1	5

续表

变量	识别问题及赋值	均值	标准差	最小值	最大值
收入水平	家庭收入的对数	10.750	0.883	6.477	13.126
健康状况	是否有慢性病（0＝否，1＝是）				
以往垃圾处理习惯	你过去是否有出售废品的习惯（1＝从不出售，2＝偶尔出售，3＝中立，4＝经常出售，5＝总是出售）	3.063	1.461	1	5
责任归属	你是否认同垃圾分类主要是个人的责任（0＝否，1＝是）	0.380	0.485	0	1
垃圾分类知识水平	与垃圾分类有关的10个问题	5.679	4.981	2	8
垃圾治理技能	非常清楚垃圾分类并正确投放（1＝完全不了解，2＝比较不了解，3＝中立，4＝比较了解，5＝非常了解）	3.580	1.347	1	5
村富裕程度	您村在本县中属于富裕的村（0＝否，是＝1）	0.650	0.478	0	1
受污染状况	您村是否严重受到各种垃圾污染（0＝否，是＝1）	0.360	0.480	0	1
距乡镇距离	您所在的村距离乡镇较远（0＝否，是＝1）	0.270	0.446	0	1
是否试点	是否实施垃圾分类试点（0＝否 1＝是）	0.580	0.495	0	1

7.2.2 政府支持与感知价值对农户垃圾分类效应影响的模型构建

7.2.2.1 农户参与垃圾分类方程与农户环境治理福利方程

依据效用决策理论，假设农户 i 参与和未参与垃圾分类的效用分别为 U_{1i} 和 U_{0i}，将 D_i^* 定义为二者的效用差，即 $D_i^* = U_{1i} - U_{0i}$。依据理性经济人假说，个体决策的依据为效用最大化，即，当 $U_{1i} > U_{0i}$，表明农户会参与垃圾分类。因此，当 $D_i^* = 1$ 时，表明农户参与了垃圾分类行为；而当 $D_i^* = 0$，则表明农户未参与垃圾分类。农户是否参与垃圾分类的方程设定如下：

$$D_i^* = U(x) + \varepsilon \qquad (7-1)$$

式（7-1）中，D_i^* 取值为 1 和 0，即农户参与垃圾分类与否；x 为户主

145

特征、垃圾治理素养、责任归属和区域特征等影响农户参与垃圾分类决策的外生解释变量向量，ε 为随机误差项。

式（7-2）为农户参与垃圾分类的福利方程，该方程测度了垃圾分类对农户福利效应的影响：

$$F_{ki}^* = \varphi(Z) + \beta D_i + \mu \qquad (7-2)$$

其中，F_j^* 为农户垃圾治理的福利效应，$k = 1，2$ 分别代表主观福利和客观福利；Z 为影响农户垃圾治理福利的外生解释变量向量，D_i 为农户 i 参与垃圾分类变量，μ 为随机扰动项。考虑到某些不可观测因素会影响农户参与垃圾分类（D_i）决策，同时，这些因素或会影响垃圾治理福利（F_{ki}），从而致使式（7-2）中的 D_i 与 μ 相关。因此，传统线性回归方法可能导致计量结果存在估计偏误。由于 PSM 不要求解释变量严格外生，故在解决处理变量的内生性问题时存在明显优势，同时，PSM 经常被用于验证个体参与某项政策与非参与的效应差异，而 PSM 能够有效克服这一估计偏误（王慧玲和孔荣，2019；Wooldridge，2002），故本书采用该方法实证检验农户参与垃圾分类对其福利效应的影响。

7.2.2.2 基于倾向得分匹配法的农户垃圾分类行为的研究模型

本书设置虚拟变量 P_i 表示农户 i 是否参与垃圾分类，即取值为 0 为未参与，1 为参与。在调查问卷中设计"您是否进行垃圾分类？0 = 否，1 = 是。"题项进行测度，反映了农户是否参与垃圾分类的决策。当农户对题项作答 0 时，则界定该农户为未参与户；当农户对题项作答 1 时，则界定该农户为参与户。对于农户 i，其垃圾治理福利可能有两种状态，即 f_{1i} 表示农户 i 参与垃圾分类的福利效应，f_{0i} 表示农户 i 未参与垃圾分类的福利效应。反事实分析框架研究分为四个步骤：

第一步，选择协变量 x_i。依据本章的研究目的，将农户福利和参与垃圾分类的影响因素纳入模型，具体将户主特征、垃圾治理素养、责任归属和区域特征作为控制变量。第二步，计算倾向匹配得分值。运用 Logit 模型计算农户 i 参与垃圾分类的倾向得分值。第三步，进行倾向得分匹配。匹配前首先要选择匹配方法。目前倾向匹配得分法提供了 5 种主流匹配方法：（1）通过寻找

倾向得分最近的 k 个不同组个体进行匹配的 k 近邻匹配；（2）限制倾向得分的绝对距离的卡尺匹配；（3）在给定卡尺范围内寻找 k 近邻匹配的卡尺内 k 近邻匹配；（4）默认的核函数和带宽的核匹配；（5）采用 spline 命令进行默认回归的样条匹配。即便是处理相同的样本数据，5 种不同方法亦会产生差异性的计量结果，因此，目前学术界关于选用何种方法进行匹配才能使得结果最优尚未达成共识（王慧玲和孔荣，2019）。陈强（2014）提出若采用 5 种方法进行匹配，获取的结果相似时，则意味着匹配结果良好、稳健。基于此，本书采用陈强的观点以增强研究结论的稳健性，即运用 5 种主流方法进行匹配，通过 5 种方法的匹配结果判断研究结果的可靠性。具体来说，本书将 k 值设为 4，即进行一对四匹配，从而实现均方误差最小化。卡尺范围根据估计结果进行设定。匹配后，需要进行平衡性检验。具体可用标准化偏差来检验 x_i 在匹配后的处理组和对照组之间分布是否实现了统计学上的数据平衡。第四步，计算平均处理效应。平均处理效应包含处理组的平均处理效应（ATT），即参与垃圾分类农户福利变化的平均值；处理效应（ATU），即未参与垃圾分类农户福利变化的平均值；平均处理效应（ATE），即随机样本农户的福利变化的均值。本节旨在探究垃圾分类对农户福利的促进作用，聚焦于参与垃圾分类农户的福利变化，因而，选用平均处理效应进行分析更为合适，表达式如下：

$$ATT = \frac{1}{N_1} \sum\nolimits_{i:D_i=1} (y_i - \hat{y}_{0i}) \qquad (7-3)$$

其中，N_i 表示参与垃圾分类组农户的数量；$\sum\nolimits_{i:D_i=1}$ 表示参与垃圾分类农户的求和；y_i 表示农户 i 的福利效应，$\hat{y}_{0i}$ 表示未参与垃圾分类的福利效应的估计值。

7.2.2.3 垃圾分类行为中介模型

前述章节已经验证了政府支持、感知价值影响了农户垃圾分类行为，本章试图从政府支持、感知价值视角，探讨垃圾分类行为对福利的影响机制。考虑到垃圾分类行为分为二分变量，则借鉴宋全云等（2019）的做法，建立中介效应模型，探讨垃圾分类行为在政府支持、感知价值影响福利的中介效应。具体模型设定形式如下：

$$F_{kj}^* = \alpha_{00} + \alpha_{01} PB_j + \alpha_{02} X_j + \varepsilon_{0j} \tag{7-4}$$

$$Behavior_j = \beta_{00} + \beta_{01} PB_j + \beta_{02} X_j + \mu_{0j} \tag{7-5}$$

$$F_{kj}^* = \gamma_{00} + \gamma_{01} PB_j + \gamma_{02} Behavior_j + \gamma_{03} X_j + \delta_{0j} \tag{7-6}$$

第一步对计量模型（7-4）进行回归，检验垃圾分类行为对福利的影响，其中 F_{kj}^* 代表了福利，第二步对计量模型（7-5）进行回归，检验感知价值对垃圾分类行为的影响是否显著。第三步对计量模型（7-6）进行回归，如果模型（7-6）回归结果中的 γ_{01} 和 γ_{02} 这两个系数都显著且符号与预期一致，系数 γ_{01} 与系数 α_{01} 的数据相比有所下降，则表明垃圾分类存在部分中介作用，如系数 γ_{01} 不显著，但是系数 γ_{02} 仍然显著，则说明垃圾分类发挥了完全中介作用。本书采用 Sobel 方法检验垃圾分类行为的中介效应是否显著及中介效用的大小。同时，为了检验分类行为在政府支持影响福利关系中的中介效应，采用上述方法建立了中介检验模型，如下所示。具体的方法不再赘述。

$$F_{kj}^* = \alpha_{10} + \alpha_{11} GS_j + \alpha_{11} X_j + \varepsilon_{1j} \tag{7-7}$$

$$Behavior_j = \beta_{10} + \beta_{11} GS_j + \beta_{12} X_j + \mu_{1j} \tag{7-8}$$

$$F_{kj}^* = \gamma_{10} + \gamma_{11} GS_j + \gamma_{12} Behavior_j + \gamma_{13} X_j + \delta_{1j} \tag{7-9}$$

7.3　政府支持与感知价值影响垃圾治理的福利效应实证分析

7.3.1　垃圾分类影响福利效应的实证分析

7.3.1.1　多重共线性检验

本节通过回归分析研究农户垃圾分类行为对福利的影响，考虑到变量之间可能存在的共线性问题，先对变量进行共线性检验。估计结果表明（见表7-3），变量的方差膨胀因子（VIF）值在 1.080 ~ 3.770，远小于 10，说明变量之间多重共线性的可能性非常小。

表 7 – 3　多重共线性检验结果

项目	容忍度	VIF	项目	容忍度	VIF
性别	0.265	3.770	过去垃圾处理习惯	0.703	1.420
年龄	0.325	3.080	责任划分	0.774	1.290
教育程度	0.359	2.790	村富裕程度	0.818	1.220
收入水平	0.384	2.610	受污染状况	0.821	1.220
垃圾分类知识水平	0.521	1.920	距乡镇距离	0.836	1.200
健康状况	0.612	1.630	是否试点	0.930	1.080
垃圾分类技能	0.668	1.500	—	—	—

7.3.1.2　农户参与垃圾分类的影响因素分析

依据前述章节的实证分析结果，本章首先通过回归分析确定了影响农户参与垃圾分类的影响因素以实现样本匹配，根据表中结果可知（见表 7 – 4），户主特征中的性别、年龄与垃圾分类行为之间无显著的影响关系；受教育程度在 1% 的水平上负向影响垃圾分类行为，收入水平在 5% 的水平上显著负向影响垃圾分类行为，同时，受访者的健康状况与垃圾分类行为在 1% 的水平上显著负相关，即具有慢性病的农户其垃圾分类的概率低于健康的农户。垃圾分类知识与农户的垃圾分类行为之间的关系未通过显著性检验。垃圾治理素养因素的垃圾分类技能与垃圾分类行为之间在 1% 的水平上显著正相关，即垃圾分类技能高的农户参与垃圾分类的概率大于垃圾分类技能低的农户。行为控制中的责任划分与垃圾分类行为在 1% 的水平上显著正相关，即认为垃圾分类是个人责任的农户参与垃圾分类的概率大于认为垃圾分类是政府责任的农户。区域特征中的村的富裕程度与垃圾分类行为在 1% 的水平上显著正相关，即若农户所处的村庄为较为富裕，则其参与垃圾分类概率高于处于较为贫困村的农户。受污染状况与农户的垃圾分类行为之间在 10% 的水平上显著负相关，即村庄受污染的农户参与垃圾分类的概率低于未被污染地区的农户。距乡镇的距离与垃圾分类行为在 5% 的水平上显著负相关，垃圾分类试点与垃圾分类行为在 1% 的水平上显著正相关。

表 7 – 4　基于 Logit 模型的农户参与垃圾分类方程的估计结果

变量类型	变量名称	回归系数	标准误
户主特征	性别	0.011	0.039
	年龄	0.024	0.232
	教育程度	− 0.255 ***	0.086
	收入水平	− 0.676 **	0.273
	健康状况	− 0.114 ***	0.020
垃圾治理素养	环境及垃圾分类知识水平	0.031	0.022
	垃圾分类技能	0.956 ***	0.340
	过去垃圾处理习惯	0.158 *	0.084
行为控制	责任划分	1.127 ***	0.316
区域特征	村富裕程度	0.690 ***	0.204
	受污染状况	− 0.901 *	0.544
	距乡镇距离	− 0.602 **	0.241
	是否实施垃圾分类试点	0.736 ***	0.112
统计检验	log likelihood	− 350.399	
	R^2	0.233	
	LR χ^2	212.70	
	样本容量	672	

7.3.1.3　共同支撑域与 PSM 匹配结果分析

（1）共同支撑域。

基于表 7 - 4 的回归分析结果，计算出农户 i 参与垃圾分类的条件概率 P_i 的拟合值，即农户 i 的倾向得分。图 7 - 1 为匹配前、匹配后密度函数图，如图中所示，多数观察值都在共同取值范围内，参与垃圾分类样本农户与未参与样本的倾向得分具有较大范围的重叠。

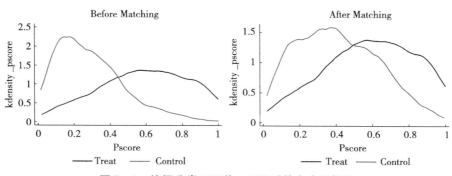

图 7 – 1　垃圾分类匹配前、匹配后的密度函数图

从匹配结果看，通过匹配，对照组在损失 4 个样本，处理组损失 0 个样本后，仍然保留了 668 个匹配样本，表明匹配效果良好。

表 7 − 5　PSM 匹配结果

	未匹配样本	匹配样本	总计
对照组	4	304	308
处理组	0	364	364
总计	4	668	672

（2）PSM 匹配结果分析。

本章检验了协变量的平衡性以确保倾向得分匹配结果的可靠性。表 7 − 6 汇总了倾向得分匹配前后解释变量平衡性检验结果，经过样本匹配后，伪 R^2 从匹配前的 0.216 下降到匹配后的 0.022 ~ 0.040；LR 统计量由匹配前的 197.130 下降到 17.430 ~ 31.120，解释变量的标准化偏差从 32.7% 减少到 7.2% ~ 9.9%，总标准化偏差显著降低，且显著小于平衡性检验规定的 20% 的阈值。统计结果表明倾向得分匹配法能够有效地减少处理组和对照组的解释变量分布的差异，同时消除了由于自选择问题而导致的统计偏误，即经过匹配后，对照组和处理组农户在协变量方面不存在显著的系统性差异。

表 7 − 6　倾向得分匹配前后解释变量平衡性检验结果

匹配方法	伪 R^2	LR 统计量	标准化偏差（%）
匹配前	0.216	197.130	32.700
k 近邻匹配	0.040	31.120	9.900
卡尺匹配	0.032	24.590	9.500
半径卡尺匹配	0.029	22.250	8.600
核匹配	0.029	22.810	8.800
样条匹配	0.022	17.430	7.200

7.3.1.4　参与垃圾分类对福利的影响测算

（1）农户参与垃圾分类对主观福利的影响效应测算。

本节测算了垃圾分类对农户主观福利的平均处理效应，估计结果详见表 7 − 7，运用 k 近邻匹配、卡尺匹配、半径卡尺匹配、核匹配、样条匹配 5

种不同方法进行匹配，k 近邻匹配在 5% 的水平上显著，平均处理效应为 0.225；卡尺匹配在 10% 的水平上显著，平均处理效应为 0.196；半径卡尺匹配、核匹配均在 10% 的水平上显著，平均处理效应为 0.204；样条匹配在 10% 的水平上显著，平均处理效应为 0.195。计量结果基本一致，表明样本具有良好的稳健性。选取其算术平均值 0.204 表征影响效应。

表 7-7　主观福利的倾向得分匹配的处理效应

匹配方法	平均处理效应	标准误	t 检验值
k 近邻匹配（k=4）	0.225 **	0.111	2.020
卡尺匹配（卡尺=0.06）	0.196 *	0.117	1.670
半径卡尺匹配	0.203 *	0.115	1.760
核匹配	0.203 *	0.117	1.730
样条匹配	0.195 *	0.116	1.670
平均值	0.204	—	—

注：***、**、*分别表示估计结果在1%、5%、10%的水平上显著。

（2）农户参与垃圾分类对客观福利的影响效应测算。

本节测算了 5 种匹配方法下的垃圾分类行为对农户客观福利的影响效应，估计结果详见表 7-8。k 近邻匹配在 10% 的水平上显著，平均处理效应为 0.251；卡尺匹配在 5% 的水平上显著，平均处理效应为 0.304；半径卡尺匹配在 5% 的水平上显著，平均处理效应为 0.296；核匹配在 5% 的水平上显著，平均处理效应为 0.304；样条匹配在 10% 的水平上显著，平均处理效应为 0.232。5 种不同匹配方法计量结果基本一致，表明样本具有良好的稳健性。选取其算术平均值 0.278 表征影响效应。

表 7-8　客观福利的倾向得分匹配的处理效应

匹配方法	平均处理效应	标准误	t 检验值
k 近邻匹配（k=4）	0.251 *	0.324	1.870
卡尺匹配（卡尺=0.05）	0.304 **	0.142	2.140
半径卡尺匹配	0.296 **	0.140	2.130
核匹配	0.304 **	0.141	2.150
样条匹配	0.232 *	0.134	1.730
平均值	0.278	—	—

7.3.2 垃圾分类行为在政府支持影响福利效应关系的中介效应检验

依据模型（7-7）~模型（7-9）检验垃圾分类行为在政府影响主观福利和客观福利关系中的中介效应，其结果见表7-9和表7-10。表7-9为垃圾分类行为在政府支持影响主观福利关系中的中介效应检验结果，回归1的结果显示，政府支持在1%置信水平上显著正向影响农户的主观福利水平，政府支持每提升1个单位，农户主观福利水平提升0.206个单位。回归2结果显示政府支持正向影响垃圾分类行为，回归3结果显示引入中介变量垃圾分类行为后，政府支持对主观福利的影响在1%的水平上显著正相关，垃圾分类行为与主观福利在5%的水平上显著正相关，且随着分类行为的引入，结果显示对主观福利的影响系数由0.206下降到0.189，表明垃圾分类行为发挥了部分中介作用，进一步检验Sobel检验值（t=1.85，P=0.07），发现垃圾分类行为在政府支持影响主观福利关系中的中介效应为1.65%。

表7-9 垃圾分类行为在政府支持影响主观福利关系中的中介检验

变量	（1）主观福利	（2）分类行为	（3）主观福利
政府支持	0.206 ***	0.573 ***	0.189 ***
	(0.061)	(0.199)	(0.061)
分类行为			0.138 **
			(0.058)
控制变量	已控制	已控制	已控制
N	672	672	672
adj. R²	0.284	0.155	0.288
Sobel 中介效应检验/中介效应大小	1.85（0.07）/1.65%		

依据模型（7-7）~模型（7-9）。表7-10汇报了垃圾分类行为在政府支持影响客观福利关系中的中介效应检验结果，回归4的结果显示，政府支持在1%置信水平上显著正向影响农户的客观福利水平，政府支持每提升1个单位，农户客观福利水平提升0.293个单位。回归5结果显示引入中介变量垃圾分类行为后，政府支持对客观福利的影响在1%的水平上显著正相关，垃

圾分类行为与客观福利在5%的水平上显著正相关，且随着垃圾分类行为的引入，结果显示对客观福利的影响系数由0.293下降到0.272，表明在政府支持—垃圾分类行为—客观福利的影响路径中，垃圾分类行为发挥了部分中介作用，进一步检验Sobel检验值（t = 1.87，P = 0.06），发现垃圾分类行为在政府支持影响客观福利关系中的中介效应为2.10%。

表7 – 10　垃圾分类行为在政府支持影响客观福利关系中的中介检验

变量	(4)	(2)	(5)
	客观福利	分类行为	客观福利
政府支持	0.293 ***	0.573 ***	0.272 ***
	(0.075)	(0.199)	(0.076)
分类行为			0.175 **
			(0.072)
控制变量	已控制	已控制	已控制
N	672	672	672
adj. R^2	0.273	0.154	0.279
Sobel 中介效应检验/中介效应大小	1.87（0.06）/2.10%		

7.3.3　垃圾分类行为在感知价值影响福利效应关系的中介效应检验

依据模型（7 – 4）~模型（7 – 6）检验垃圾分类行为在感知价值影响主观福利和客观福利关系中的中介效应，其结果见表7 – 11和表7 – 12。表7 – 11汇报了垃圾分类行为在感知价值影响主观福利关系中的中介检验结果，回归6的结果显示，感知价值在5%置信水平上显著正向影响农户的主观福利水平，感知价值每提升1个单位，农户福利水平提升0.123个单位。回归7结果显著，感知价值在1%置信水平上显著正向影响农户的垃圾分类行为，当农户感知价值提升，则其参与垃圾分类的决心会增加，因此其垃圾分类行为会得以提升。回归8结果显示引入中介变量垃圾分类行为后，感知价值对主观福利的影响在10%的水平上显著正相关，垃圾分类行为与主观福利在5%的水平上显著正相关，且随着垃圾分类行为的引入，感知价值对主观福利的影响系数由0.123下降到0.107，表明垃圾分类行为发挥了部分中介作用，进一步检验 Sobel 检验值（t = 1.88，P = 0.06），发现垃圾分类行为在感知价值影响主观福利关系中的中介效应为 1.60%。

表 7 - 11　垃圾分类行为在感知价值影响主观福利关系中的中介检验结果

变量	(6)	(7)	(8)
	主观福利	分类行为	主观福利
感知价值	0.123 **	0.541 ***	0.107 *
	(0.058)	(0.191)	(0.058)
分类行为			0.147 **
			(0.059)
控制变量	已控制	已控制	已控制
N	672	672	672
adj. R²	0.276	0.153	0.282
Sobel 中介效应检验/中介效应大小	1.88（0.06）/1.60%		

表 7 - 12 汇报了垃圾分类行为在感知价值影响客观福利关系中的中介效应检验结果，回归 9 的结果显示，感知价值在 1% 置信水平上显著正向影响农户的客观福利水平，感知价值每提升 1 个单位，农户主观福利水平提升 0.234 个单位。回归 10 结果显示引入中介变量垃圾分类行为后，感知价值对客观福利的影响在 1% 的水平上显著正相关，垃圾分类行为与客观福利在 5% 的水平上显著正相关，且随着垃圾分类行为的引入，感知价值对主观福利的影响系数由 0.234 下降到 0.214，表明垃圾分类行为发挥了部分中介作用，进一步检验 Sobel 检验值（t = 1.89，P = 0.06），发现垃圾分类行为在感知价值影响客观福利关系中的中介效应为 1.98%。

表 7 - 12　垃圾分类行为在感知价值影响客观福利关系中的中介检验

变量	(9)	(7)	(10)
	客观福利	分类行为	客观福利
感知价值	0.234 ***	0.541 ***	0.214 ***
	(0.072)	(0.191)	(0.072)
分类行为			0.181 **
			(0.073)

续表

变量	(9)	(7)	(10)
	客观福利	分类行为	客观福利
控制变量	已控制	已控制	已控制
N	672	672	672
adj. R^2	0.267	0.153	0.274
Sobel 中介效应检验/中介效应大小	1.89（0.06）/1.98%		

7.3.4 稳健性检验

选取垃圾分类频率作为分类行为的替代变量，采用线性回归对垃圾分类影响农户福利的关系进行稳健性检验。表 7－13 回归结果表明，农户的垃圾分类行为在 1% 的水平上对农户的主观福利以及客观福利有显著的促进作用。稳健性结果表明，垃圾分类行为对农户福利的正向影响效应是可靠的。

表 7－13　垃圾分类行为影响农户福利的稳健性检验结果

变量名称	主观福利		客观福利	
	系数	标准误	系数	标准误
垃圾分类频率	0.057 ***	0.018	0.114 ***	0.023
其他变量	已控制		已控制	
F 值	21.31		21.58	
adj. R^2	0.282		0.285	
样本量	672		672	

7.4　本章小结

本章从垃圾治理福利的视角，从主观福利、客观福利两个维度，考察了农户亲环境行为的福利效应。基于环境治理的福利效应理论，阐释了垃圾分类行为影响农户主观福利、客观福利的内在机理；采用倾向得分匹配（PSM）方法、Logit 计量分析方法，实证检验了垃圾分类行为对农户主观福利及客观福利的影响；为了进一步深入探讨垃圾分类行为影响福利的内在逻辑，采用有序回归、层次回归和 Bootstrap 等计量方法检验了垃圾分类行为在政府支持、感知价值影响农户福利关系中的中介效应。研究发现：

（1）垃圾分类显著正向影响农户的福利水平，垃圾分类对农户主观福利、客观福利的影响净效应分别为20.4%和27.8%；垃圾分类对客观福利的促进作用大于对主观福利的促进作用。（2）垃圾分类行为在政府支持影响福利的关系中存在部分中介作用，其中，垃圾分类行为在政府支持影响主观福利关系中的中介效应为1.65%，客观福利关系中的中介效应为2.10%；垃圾分类在政府支持影响客观福利关系中的中介效应大于主观福利中的中介效应。（3）垃圾分类行为在感知价值影响福利的关系中存在部分中介作用，其中，在感知价值影响主观福利关系中的中介效应为1.60%，在客观福利关系中的中介效应为1.98%；垃圾分类在感知价值影响客观福利关系中的中介效应大于主观福利中的中介效应。

8 研究结论及政策建议

8.1 研究结论

本书基于农村垃圾治理的迫切性，在乡村振兴、农村生活环境的综合提升以及绿色发展等时代背景下，依据价值信仰理论、计划行为理论以及动机理论等，依照"行为意向—行为决策—福利效应（行为结果）"这一逻辑主线，从影响农户垃圾治理的内、外因素阐释了政府支持与感知价值对农户垃圾治理行为意向、行为决策及福利效应的影响机理，借助二值 Logistic，Order－Logistic，IV－probit，Biprobit，Bootstrap 调节效应模型、中介效应模型和倾向得分匹配模型等计量方法，以陕西省第一批农村生活垃圾分类和资源化利用地区的农户为研究样本，实证检验了感知价值、政府支持的总维度及分维度对垃圾治理意向（分类意愿、支付意愿以及模式选择意愿）及垃圾治理行为决策的影响路径，并进一步检验了政府支持对感知价值影响农户垃圾治理意向及垃圾治理行为决策（垃圾分类决策）的调节作用。最后，本书验证了感知价值、政府支持通过影响垃圾治理行为决策，最终影响福利效应的路径。通过上述实证分析，得出的结论如下：

（1）感知价值、政府支持显著影响农户垃圾治理的意向，但感知价值、政府支持对垃圾分类意愿、支付意愿以及模式选择意愿的影响路径存在差异。其中，感知价值的精神收益为农户垃圾分类意愿的促进因素，非物质成本与物质成本是农户垃圾分类意愿的感知价值抑制因素。精神收益高的农户其参与垃圾分类意愿是较低者的 1.21 倍。感知非物质成本高的农户参与垃圾分类的意愿是较低组的 0.80 倍，感知物质成本较高的农户，其垃圾分类意愿为较低农户的 0.84 倍。政府支持的信息支持显著正向影响垃圾分类意愿，激励支持显著负向影响垃圾分类意愿，信息支持高的农户参与垃圾分类意愿是较低者的 1.4 倍，激励支持高的农户垃圾分类意愿是较低者的 0.2 倍。感知价值的感知精神收益、感知物质收益正向影响农户垃圾分类支付意愿，农户的精神收益提升 1 个单位，其支付意愿概率提升 9.9%。物质收益提升 1 个单位，其支付意愿概率提升 5.2%。非物质成本、物质成本负向影响垃圾分类支付意愿，非物质成本提升 1 个单位，则其支付意愿概率降低了 5.4%，物质成本提升 1 个单位，则其支付意愿概率降低 4.7%。政府支持的激励支持与垃圾分类支付意愿显著负相关，激励支持的地区，农户垃圾分类的支付意愿概率降低 3.8%。工具支持与垃圾分类支付意愿显著正相关，工具支持提升 1 个单位，垃圾分类的支付概率提升 24.6%。综上所述，工具支持对农户垃圾分类支付意愿产生了促进作用，而激励支持对农户垃圾分类支付意愿产生了抑制作用。感知价值的精神收益与垃圾分类模式选择显著正相关，农户的感知精神收益的提升有利于农户选择更细致的垃圾分类模式，而感知成本的提升则会导致农户选择简单的垃圾分类模式。政府支持的激励支持与农户垃圾分类模式选择负相关，工具支持与农户分类模式选择意愿显著正相关。即工具支持提升有利于农户选择更精细的垃圾分类模式，而激励支持导致农户选择更粗放的垃圾分类模式。

（2）感知价值、政府支持显著影响农户的垃圾治理的行为决策。感知价值的精神收益、非物质成本以及物质成本是影响农户垃圾分类行为的价值因素，激励支持与工具支持是影响农户垃圾分类行为的政府支持因素。具体来说，在农户的价值排序中，物质成本对农户垃圾分类行为影响效应最大，其次是精神收益，最后是非物质成本。政府支持的激励支持显著负向影响农户垃圾分类行为，激励支持对农户的垃圾分类行为决策影响效应最大，其次是工具支持。在其他控制变量中，"是否试点"影响效应最大，其次是垃圾分类责任的认知。而农户的受教育程度、家庭年收入、堆肥房有害性认知以及过去垃圾处理习惯变量均与农户分类行为决策显著相关。收入的分群回归发现，精神收益、物质成本是影响低收入农户垃圾分类行为的主要感知价值因素，而物质成本及非物质成本是影响高收入农户垃圾分类行为的主要感知价值因素；政府支持的信息支持及激励支持对高收入组、低收入组农户的垃圾分类行为的影响路径存在显著差异，而工具支持不存在差异化影响路径。试点与否的分群回归统计结果发现，精神收益、物质收益、非物质成本与物质成本是影响试点区域农户垃圾分类行为的价值感知因素，而精神收益、物质成本为影响非试点区域农户垃圾分类行为的价值感知因素；政府支持的信息支持及工具支持对试点、非试点区域农户的垃圾分类行为的影响路径存在显著差异，而激励支持不存在差异化影响路径。

（3）政府支持在感知价值影响农户垃圾治理意愿及行为的关系中存在调节作用。政府支持对感知价值影响垃圾分类意愿关系的调节作用的研究发现，对具有较高感知价值的农户而言，随着政府支持的力度提升，其分类意愿越高。分维度调节作用表明，信息支持对精神收益影响垃圾分类意愿的关系具有正向调节作用；激励支持对非物质成本、物质成本影响农户垃圾分类意愿关系的调节作用显著；工具支持对非物质成本影响农户垃圾分类意愿的关系存在显著调节作用。政府支持对感知价值影响农户垃圾分类支付意愿关系的调节作用研究发现，具有较高感知价值的农户，政府支持的力度提升有助于其垃圾分类支付意愿的提升。具体来说，激励支持对精神收益、非物质成本影响农户垃圾分类意愿的关系具有调节作用；工具支持对非物质成本、物质成本影响农户垃圾分类支付意愿的关系具有促进作用。政府支持对感知价值影响农户垃圾分类模式选择意愿关系的调节作用研究发现，较高感知价值的农户，政府支持的力度提升，其选择四分类模式的概率增大。具体来说，激励支持负向调节精神收益影响农户垃圾分类模式选择的关系，正向调节物质成本影响农户垃圾分类模式选择意愿；工具支持正向调节精神收益影响垃圾分类模式选择的关系，抑制了物质成本对农户垃圾分类模式选择的负向影响作用。政府支持对感知价值影响农户垃圾治理行为决策关系的调节作用研究发现，感知价值高的农户，随着政府支持水平的提升，其参与垃圾分类的概率更高。具体来说，信息支持对物质成本负向影响农户垃圾分类行为的关系具有抑制作用；激励支持对精神收益、物质成本影响农户垃圾分类行为的关系具有负向调节作用。工具支持对精神收益显著影响农户垃圾分类行为的关系具有正向调节作用。

（4）垃圾分类行为显著促进了农户的福利效应，且分类行为分别在感知价值、政府支持影响农户垃圾治理福利效应的路径中存在中介作用。垃圾分类显著正向影响农户的福利水平，垃圾分类对农户主观福利影响净效应为20.4%，对客观福利的影响为27.8%。垃圾分类行为在感知价值影响福利的关系中存在部分中介作用，其中，垃圾分类行为在政府支持影响福利的关系中存在部分中介作用，主观福利的中介效应为1.65%，客观福利为2.10%；在感知价值影响主观福利关系中的中介效应为1.60%，客观福利的中介效应为1.98%。即感知价值、政府支持能有效提升农户的垃圾分类行为，进而提高农户的福利效应水平。

8.2 政策建议

研究结果表明，政府支持、感知价值对农户垃圾治理行为有显著的影响，基于此，本书从工具支持、激励制度、信息支持的视角提出提升农户感知价值，促进农户垃圾治理行为的政策建议。

8.2.1 优化工具支持抑制感知成本对垃圾治理的负向影响

8.2.1.1 提升垃圾分类基础设施的支持以降低农户成本感知

本书的实证研究表明，工具支持对垃圾分类的意愿有显著的正向影响，并能抑制农户感知成本对垃圾治理的负向影响。因此，在经费保障的前提下，在农村地区配置充足的垃圾分类装置。比如，为了方便农户进行垃圾的分类投放，根据农户居住的特点，在一定的距离范围内设置可回收垃圾、不可回收垃圾和有害垃圾等垃圾分类收集容器，并在收集容器上，针对本地生活垃圾特征，在回收容器上附以醒目标志以降低农户的非物质成本感知。另外，政府可以为农户家中配置二分类的垃圾桶，具体可配置厨余垃圾和其他垃圾，这样农户可以在家中实现初分拣，在集中点实现细化的分类分拣。是否进行四分类分拣可由农户自己决策，如果农户不采取四分类，则可由保洁人员进行二次分拣。部分农村地区可借鉴城市垃圾回收的经验，取消固定的垃圾桶，采取定时分类垃圾投放，通过专人监督，提高垃圾分类回收率。同时，可在集中回收点设置自动化垃圾回收装置，方便农户进行高值废品的回收。这些基础设施的配备可以大大降低农户在参与垃圾治理过程中所分担的物质成本，提升农户参与垃圾治理的行为。

8.2.1.2 因地制宜地建立资源化处理中心以降低农户成本感知

目前，农村地区的资源化处理水平较低，资源化处理以农户自发行为居多。资源化处理中心的建立能降低垃圾焚烧、填埋的数量，同时可以实现废弃垃圾的经济价值。资源化处理中心可以实现垃圾处理的可循环化，秸秆还田、沼气的使用，有机垃圾沤肥等均属于资源化处理的范畴。与城市地区不同，农村地区除生活垃圾外，还有大量的生产垃圾，比如种植产生的种植垃圾，养殖产生的养殖垃圾等，虽然其中一部分垃圾可以直接就地处理，但仍有相当一部分农业生产垃圾需要进行资源化处理。农村地区应鼓励资源化处理企业，根据当地可资源化处理的废弃物量和自身条件，布局废弃物的加工处理场所，延长废弃物处理的链条，同时当地政府应给予资源化处理企业税收等方面的政策激励。具体来说，对于可回收、可重复利用的垃圾（如废玻璃、废塑料袋、废旧家具等）建立相应的循环再利用处理中心，对于可资源化处理的厨余垃圾及养殖废弃物等建立资源化的处理中心，确保当地垃圾就地解决。一方面，循环再利用、资源化处理可以减少垃圾处理的总量；另一方面，循环化、可资源化处理的垃圾可以产生一定的经济价值。此外，为了更好地进行垃圾减量化处理，应鼓励有条件的垃圾处理企业取得当地政府支持，建立垃圾焚烧、少量填埋、有害垃圾无害化处置，建立资源化利用的综合处理系统，实现环保等基础设施的共建共享，实现垃圾分类、资源化处理、无害化处置的高效衔接，提高农村垃圾治理的水平，降低"邻避效应"的发生概率。资源化处理中心的建立为实现垃圾处理源头减量化提供了工具支持，同时也降低了农户参与源头减量化耗费的时间、精力等非物质成本以及公共设施分担等物质成本。

8.2.2　优化工具支持提升感知收益对垃圾治理的正向影响

8.2.2.1　构建"互联网＋回收平台"提升农户物质收益感知

目前，农村地区的互联网、智能手机的使用以及由电子商务普及带来的下沉物流体系的形成为搭建"互联网＋回收平台"提供了物理支持（孙旭友，2020）。随着节约化、循环化经济模式的实施，回收业务也开始由"线下"进入"线上"运营。因此，要更好地解决农村地区的垃圾治理问题，需要构建"互联网＋回收平台"，在传统的线下回收模式基础上，建立线上申请交投、线下快捷上门服务的一体化体系。鉴于回收企业的利润空间小，可以借助政府的PPP项目，鼓励大型电商公司建立基于资源回收相融合的信息平台。"互联网＋回收平台"结合互联网与物联网，将回收环节、清运环节、加工环节、终端处理环节的全流程数据通过云收集、云计算、云存储进行垃圾回收处理数据的采集，为制定因地制宜的相关垃圾治理政策提供大数据分析。目前，一些大型的电商，如京东、淘宝等都有二手交易以及回收的功能模块，因此，可以充分利用现有互联网企业的物流通道，搭建农村地区的"互联网＋回收平台"，拓宽农户的高值废品的转化渠道，缩短农户参与垃圾分类后的收益转化时间，从整体上提升了农户的物质收益感知，从而诱导更多的农户参与垃圾治理。

8.2.2.2　引导回收企业拓宽回收范围以提升农户物质收益感知

受处理技术以及回收渠道的影响，农村的大量可回收垃圾以及资源化垃圾并未得到有效的处理。比如在农村地区，有大量的塑料制品，如大棚的塑料薄膜、农药瓶等，这些塑料制品如不能充分回收，则会造成严重的环境污染问题。在调研过程中发现，这一类垃圾回收率低，而农户选择混合处理的原因之一，就是回收渠道的匮乏导致可回收垃圾失去了回收价值，致使农户不愿意花时间去分类。反之，拓宽回收渠道能够提高可回收垃圾的总收益，进而提高农户的感知物质收益，促进农户主动进行垃圾治理。因此，应吸引企业加入到垃圾处理的产业链中，参与垃圾回收的企业，要符合再生资源行业管理规划以及具备回收及转化能力。可通过公开的招投标或者其他竞选方式选取优质的废弃物处理企业，将农村地区的可资源化处理的有机垃圾，以及具有回收价值的可回收垃圾，以及危害农村地区环境安全的有害垃圾通过回收企业，充分实现垃圾处理的转化价值，变废为宝，提升农户的物质收益感知，从而促进更多的农户参与垃圾治理。具体可以采用分散式处理，其优点是降低物流和场地成本，缩短垃圾运距，减少运输过程中跑冒滴漏的现象。在垃圾分类的初期，如果符合垃圾综合处理的企业较少，也可以先建立单品种垃圾回收网络，或者单品种垃圾资源化处理中心，选取最具有经济价值的废弃物，建立专业化的回收、加工、利用和终端产品制造全产业链，从而提升农户的物质收益感知。此外，回收企业的上门回收服务，能降低农户参与垃圾治理耗费的非物质成本，从而激励农户参与垃圾治理。

8.2.3　优化激励支持提升感知收益对垃圾治理行为的正向影响

8.2.3.1　优化精神激励制度以提升农户的精神收益感知

实证研究结果表明，农户的精神收益感知会显著地影响农户垃圾治理行为，众所周知，农村是一个熟人社会，出于声誉的动机，农户会采取经济的环境行为。在调研的过程中发现，垃圾分类试点的县市主要通过评选卫生先进家庭等方式进行垃圾分类的精神激励制度的设计。本书基于激励支持对治理行为的研究表明，目前，激励支持与垃圾分类行为之间负相关，可能的原因是垃圾分类精神激励制度的设计不完善，或者实施过程不标准，导致激励支持负向影响垃圾分类行为。基于此，可以通过以下方式完善精神激励制度。首先，严格执行卫生评比制度，定期进行垃圾治理的先进户评比。一方面，增强农户参与垃圾分类，保护环境的荣誉感；另一方面，将垃圾治理的评比结果纳入农户参与政府补助或者资助项目的考核指标中，增加垃圾治理本身的附加值，让农户意识到垃圾治理的重要性。其次，建立相应的惩罚制度，对于未能按照要求进行垃圾治理或卫生治理未达标的农户，尤其是随意丢弃、导致环境污染的农户，列为环保失信人员，并列为当地政府组织的重点垃圾处理检查对象。

8.2.3.2 优化物质激励制度以提升农户的物质收益感知

理论上，政府提供的物质激励能提高物质收益对垃圾治理行为的正向影响。实际上，在调研过程中发现垃圾分类试点区域的物质激励制度设计得较为简单，甚至部分试点区域并未设计垃圾治理的物质激励政策。目前，在农村地区常用的垃圾激励政策主要以发放小礼品和少量的现金奖励为主。而国外政府则通过设置相应的税收减免，以及合理的垃圾收费制度等展开物质激励。因此，本书建议物质激励制度优化如下：首先，在经济允许的地区，鼓励当地政府及有实力的企业联合起来建立智能垃圾回收系统，通过二维码等先进方法，建立农户个体（家庭）垃圾回收账户，通过二维码实现垃圾投放的源头溯源及相关的投放数据的采集，通过个人垃圾回收账户的核算，进行相应的奖惩，对于未按要求投放，积分达到惩戒阈值的农户给予一定的物质或者劳动的处罚，对于达到奖励阈值积分的个人，可联合社区超市或自动售贩将农户绿色账户的积分兑现为相应数额的货币，进行经济激励，调动农户垃圾分类的积极性。其次，设计按量计费的垃圾收费制度。农户的收入普遍低于城市人口，实施按量计费的垃圾收费制度，可以通过提高农户的垃圾处置成本，促使农户在源头分类时实现减量化。

8.2.4 优化信息支持全面提升农户参与垃圾治理的精神收益感知

实现农村生活垃圾治理，激励农户积极地进行垃圾处理，特别是垃圾分类，需要提高农户的认知水平，充分调动他们参与垃圾处理的积极性，而解决这一问题的手段之一就是政府通过信息支持提供的宣传推广工作。因此，当地政府对农户的宣传教育不能就事论事、简单了事，必须全面系统地设计宣传教育内容。同时，为了充分发挥社会舆论导向作用，营造垃圾治理，特别是垃圾分类的良好社会氛围。应采用多种方式、多种渠道加大宣传力度，信息支持的优化可以从以下两方面优化。

8.2.4.1 宣传内容的优化

宣传教育是一个系统的工作，因此为了充分发挥宣传的功效，尤其是农村地区的宣传功效，建议从理论教育、技能教育、伦理教育等多方面设计宣传教育内容。第一，理论教育。首先从科学发展观入手，深入浅出地向农户宣传介绍人与环境关系的和谐理念、包括经济学和循环经济理论，使农户充分认识到关爱自然就是关爱人类自己。其次是可持续发展经济理念。现代工业化社会导致的资源枯竭、环境污染、生态破坏等一系列问题，通过持续发展理念的教育让农户认识到经济发展与善待资源环境的关系。最后是农村生活垃圾处理涉及的法律法规。目前我国颁布的《中华人民共和国固体废物污染环境防治法》中，虽然没有把农村生活垃圾列入其中，但它提出的固体废物污染防治的"三化"原则，即减量化、资源化、无害化，也应该是农村生活垃圾处理所遵循的基本原则。第二，技能教育。农户普遍受教育程度偏低，技能教育可以打破垃圾分类的技术壁垒。对于农户来说，需要接受的技能教育主要是与推行农村生活垃圾源头分类、资源化利用工作有关的相关技能。具体包括：面对地方干部的农村生活垃圾源头分类、资源化利用的组织与管理的方法；面对农村生活垃圾处置专业队伍进行的农村生活垃圾分类收集与运输、农村生活垃圾二次分类和有机废物堆肥技术等；面对农村居民的农村生活垃圾分类知识、生活垃圾厌氧发酵等专业技术。

8.2.4.2 宣传方法的优化

可以借助互联网等手段，多方位地开展宣传工作。具体宣传的方法包括：一是召开推广会议的形式。召开专门的会议进行垃圾分类的相关宣传亦是目前调研区域的常见宣传方式，具体的可以通过集体观看垃圾治理的视频或文字资料，采取授课、参观、讨论等方式全面地宣传垃圾处理的相关知识。二是组织专门的人员进行上门技术支持。垃圾分类是一个相对比较复杂的垃圾治理过程，与城市居民不同，农户不仅要掌握垃圾分类的基本知识，同时还要掌握一些资源化处理的技术，比如沼气池、厌氧发酵等技术，可以设置"线下"垃圾分类引导员专岗，定期安排进行实地入户一对一宣传、引导、检查与监督。一对一的上门辅导可以快速解决农户的技术问题，降低农户技术采用的门槛。三是通过互联网宣传。鼓励政府技术人员开发"线上"垃圾分类知识 App，灵活、生动地演绎相关知识，以增强农户垃圾分类意识，了解垃圾分类知识，进而提升生活垃圾分类积极性。四是印制宣传品的形式。垃圾分类是一个复杂的垃圾处理过程，单纯靠开会的方式，农户可能无法准确识别各种垃圾的分类归属。因此，可以将农村生活垃圾分类的好处及做法制作成家庭的挂历，还可以在上面标明不同生活垃圾收集的时间。同时，印制宣传手册也是好办法，可以详细宣传介绍农村生活垃圾分类、资源化利用的目的、意义、方法、制度等，做到每户一册。五是标语、板报的形式。在农村大街上采用黑板报、写标语的形式是传统但简洁的宣传方式。特别是标语应用农民熟悉的语言，宣传农村生活垃圾源头分类、资源化利用工作，效果也很好。如"动手分一分，环境美十分""生活垃圾资源化，源头分类是基础""人类一个地球，大家共同呵护"。六是组织多种形式的活动（如知识竞赛的形式）。在开展宣传教育一段时间后，可以在县、乡镇、村庄的范围内举办全民参与的农村生活垃圾源头分类、资源化利用知识竞赛。可以家庭为单位，通过层层竞赛，选出优秀的队伍，在区县进行比赛，利用学习知识的热潮，激发农户学习垃圾分类知识的热情。

8.2.5   其他完善建议

8.2.5.1   实施差异化的垃圾分类政策

垃圾分类政策从源头实现减量化、无害化、可循环化，是实现垃圾治理绩效的首要方法，德国、日本、韩国的成功经验表明，垃圾分类是垃圾治理的最优选择。目前，住建部于 2017 年在全国一百个县市实施垃圾分类政策，经过近三年的试点，已经取得了一些成效，形成了一些可借鉴的经验。因此，垃圾分类政策应在全国农村地区全面实施。农村地区与城市地区不同，其受经济发展水平，政府供给等方面的影响，实施垃圾分类时，应结合农村地区的经济发展状况、农户的收入水平，以及农户对垃圾分类的接受程度和配合意愿，灵活地设定丰富多样的分类模式：比如，在收入水平较高的地区可以采用二分、三分的模式，而收入水平较低的地方可以采取四分模式，通过差异化的垃圾分类政策，吸引不同收入层次的农户参与到垃圾治理活动中。

8.2.5.2   建立垃圾治理责任主体

垃圾处理需要工程技术、行政管理的支持，更需要政府、企业、农户的共同努力。垃圾不仅有物质属性，还有社会属性，因此，必须从垃圾处理转变为垃圾治理。政策、社会和技术之间的相互作用对垃圾产生、处理和社会公共利益的实现产生极大的影响。相应地，解决垃圾问题的主体是政府和社会组成的共同主体。通过政府和社会之间的互动，形成共治范式是解决垃圾治理的根本途径。这种多主体互动既会产生互动收益，也存在冲突内耗。个体意志受社会制度、规范、价值，乃至惰性的影响，产生差异化的行为选择，并导致差异化的行为结果。在权责划分不明确的情况下，个体为了实现自身利益的最大化而忽略集体、社会利益的最大化，这种内耗将导致整个社会成本的提高。因此，明确责任主体能够减少垃圾治理的内耗，提高社会总收益。

鉴于此，明确当地政府、企业以及农户在垃圾治理中的权责划分，必须拆解垃圾治理的管理链条，确认各个环节的责任主体。各地应根据实际情况，把参与垃圾治理的相关部门整合在一条绿色产业链中，将以往分而治之的管理模式，变成一个有机的整体，以减少垃圾治理的行政成本。为打造垃圾治理的全产业链，制定统一的绿色规划及相应的实施方案提供快速、便捷的管理体系。具体来说，可以在省级管理部门进行垃圾治理的相关制度设计、政策制定等顶层设计，而下一级的市级政府负责政策的分配、落实，同时负责与从事垃圾回收的相关企业进行联系，以保证垃圾回收过程中的价值实现；村级政府做好宣传教育及监督工作，具体地包括农户的垃圾分类知识的普及，环保意识的提升，以及垃圾源头分类的实施及监督等工作。企业重点负责回收渠道的拓宽以及垃圾资源化的转化以及可回收垃圾的价值回收的实现；而农户则重点在源头分类，减量化以及简单的资源化物质转化。

8.2.5.3 完善监督机制

良好的制度离不开完善的监督体制，尤其是环境制度。监督制度是环境制度顺利实施的保障之一，基于此，本书提出建立网格化的监督机制，具体做法如下：将村庄按照一定的标准，如五户或者十户划分为若干个大小相等的网格，即卫生管理网络，每一个卫生网格派出专门的人员对网格内的垃圾投放情况及保洁人员进行监督及管理，同时可以将网格进行组装及合并，以形成层层监督的管理机制。通过碎片化的管理替代总体全局管理，将监督机制落实到每户，以实现垃圾源头分类回收的有效性。网格化的人员既可由当地政府选取，也可由农户投票选取一位声誉优良的农户为网格化片区负责人，负责监督本区域内垃圾分类情况，做到及时查处、及时通报、及时惩罚。也可以由政府通过农村精英的培育方式，选出环境保护意识强的精英农户，将网格化的垃圾监督工作落到实处。本书研究发现，由于农村地区是熟人社会，因此农户对于声誉的诉求会引导其参与垃圾治理，同时熟人社会导致农户对农村精英的追从，使精英的示范作用得到最大限度的实现。基于此，可以通过村里的老党员、干部等进行垃圾治理的示范及宣传，协助农村地区开展基础的垃圾分类工作。同时，可以通过发展绿色产业或者创业项目，吸引经济精英、文化精英返乡参与乡村治理，这些精英团体中青年居多，在他们返乡参与绿色产业或创业项目的过程中，鼓励他们积极参与垃圾及环境的治理，并积极地投入垃圾监督工作中，将在农户群体中产生良好的示范效应，以吸引普通的农户关注垃圾及环境的治理，调动垃圾治理的积极性。

参考文献

［1］奥尔森. 集体行动的逻辑［M］. 陈郁, 郭宇峰, 李崇新, 译. 上海: 上海人民出版社, 2014.

［2］宝贡敏, 刘枭. 感知组织支持的多维度构思模型研究［J］. 科研管理, 2011 (2): 160－168.

［3］蔡卫星, 高明华. 政府支持、制度环境与企业家信心［J］. 北京工商大学学报 (社会科学版), 2013 (5): 118－126.

［4］曹勇, 蒋振宇, 孙合林, 等. 环境规制与企业技术创新绩效: 政府支持的调节效应［J］. 中国科技论坛, 2015 (12): 81－86.

［5］陈红, 王霞, 徐衍. 农村环境治理的研究综述与发展态势分析——基于文献计量法［J］. 东北农业大学学报 (社会科学版), 2015 (4): 16－23.

［6］陈绍军, 李如春, 马永斌. 意愿与行为的悖离: 城市居民生活垃圾分类机制研究［J］. 中国人口·资源与环境, 2015 (9): 168－176.

［7］程志华. 农户生活垃圾处理的行为选择与支付意愿研究［M］. 北京: 中国经济出版社, 2019.

［8］崔登峰, 黎淑美. 特色农产品顾客感知价值对顾客购买行为倾向的影响研究——基于多群组结构方程模型［J］. 农业技术经济, 2018 (12): 119－129.

［9］董海峰, 王浩. 绿色农产品个体感知价值研究——基于 12 个省 (直辖市) 调查的结构方程模型分析［J］. 科技进步与对策, 2013 (12): 17－21.

［10］窦璐. 旅游者感知价值、满意度与环境负责行为［J］. 干旱区资源与环境, 2016 (1): 197－202.

［11］杜欢政，宁自军．新时期我国乡村垃圾分类治理困境与机制创新［J］．同济大学学报（社会科学版），2020，31（2）：108－115．

［12］杜焱强，刘平养，包存宽，等．社会资本视阈下的农村环境治理研究——以欠发达地区 J 村养殖污染为个案［J］．公共管理学报，2016（4）：101－112＋157－158．

［13］樊博，朱宇轩，冯冰娜．城市居民垃圾源头分类行为的探索性分析——从态度到行为的研究［J］．行政论坛，2018，25（6）：123－129．

［14］盖豪，颜廷武，张俊飚．感知价值、政府规制与农户秸秆机械化持续还田行为——基于冀、皖、鄂三省 1288 份农户调查数据的实证分析［J］．中国农村经济，2020（8）：106－123．

［15］淦未宇，刘伟，徐细雄．组织支持感对新生代农民工离职意愿的影响效应研究［J］．管理学报，2015（11）：1623－1631．

［16］龚主杰，赵文军，熊曙初．基于感知价值的虚拟社区成员持续知识共享意愿研究［J］．图书与情报，2013（5）：89－94．

［17］龚文娟．城市生活垃圾治理政策变迁——基于 1949—2019 年城市生活垃圾治理政策的分析［J］．学习与探索，2020（2）：28－35．

［18］郭清卉，李昊，李世平，等．基于行为与意愿悖离视角的农户亲环境行为研究——以有机肥施用为例［J］．长江流域资源与环境，2021，30（1）：212－224．

［19］韩成英．农户感知价值对其农业废弃物资源化行为的影响研究［D］．武汉：华中农业大学，2016．

［20］韩洪云，张志坚，朋文欢．社会资本对居民生活垃圾分类行为的影响机理分析［J］．浙江大学学报（人文社会科学版），2016（3）：164－179．

［21］何可，张俊飚，丰军辉．自我雇佣型农村妇女的农业技术需求意愿及其影响因素分析——以农业废弃物基质产业技术为例［J］．中国农村观察，2014（4）：84－94．

［22］何可，张俊飚，田云．农业废弃物资源化生态补偿支付意愿的影响因素及其差异性分析——基于湖北省农户调查的实证研究［J］．资源科学，

2013（3）：627 - 637.

[23] 何可，张俊飚，张露，等. 人际信任、制度信任与农民环境治理参与意愿——以农业废弃物资源化为例 [J]. 管理世界，2015（5）：75 - 88.

[24] 何可，张俊飚. 基于农户 WTA 的农业废弃物资源化补偿标准研究——以湖北省为例 [J]. 中国农村观察，2013（5）：46 - 54 + 96.

[25] 何可，张俊飚. 农民对资源性农业废弃物循环利用的价值感知及其影响因素 [J]. 中国人口·资源与环境，2014（10）：150 - 156.

[26] 何可，张俊飚. 农业废弃物资源化的生态价值——基于新生代农民与上一代农民支付意愿的比较分析 [J]. 中国农村经济，2014（5）：62 - 73 + 85.

[27] 何凌霄，张忠根，南永清，等. 制度规则与干群关系：破解农村基础设施管护行动的困境——基于 IAD 框架的农户管护意愿研究 [J]. 农业经济问题，2017（1）：9 - 21 + 110.

[28] 何泱泱，周钦. "新农保" 对农村居民主观福利的影响研究 [J]. 保险研究，2016（3）：106 - 117.

[29] 黄森慰，唐丹，郑逸芳. 农村环境污染治理中的公众参与研究 [J]. 中国行政管理，2017（3）：55 - 60.

[30] 黄颖华，黄福才. 旅游者感知价值模型、测度与实证研究 [J]. 旅游学刊，2007（8）：42 - 47.

[31] 贾亚娟，赵敏娟. 环境关心和制度信任对农户参与农村生活垃圾治理意愿的影响 [J]. 资源科学，2019，41（8）：1500 - 1512.

[32] 贾亚娟，赵敏娟. 农户生活垃圾分类处理意愿及行为研究——基于陕西试点与非试点地区的比较 [J]. 干旱区资源与环境，2020，34（5）：44 - 50.

[33] 蒋磊，张俊飚，何可. 基于农户兼业视角的农业废弃物资源循环利用意愿及其影响因素比较——以湖北省为例 [J]. 长江流域资源与环境，2014（10）：1432 - 1439.

[34] 蒋琳莉，张俊飚，何可，等. 农业生产性废弃物资源处理方式及其影响因素分析——来自湖北省的调查数据 [J]. 资源科学，2014（9）：1925 - 1932.

［35］蒋培．规训与惩罚：浙中农村生活垃圾分类处理的社会逻辑分析［J］．华中农业大学学报（社会科学版），2019（3）：103－110＋163－164.

［36］李欢欢，顾丽梅．垃圾分类政策试点扩散的逻辑分析——基于中国235个城市的实证研究［J］．中国行政管理，2020（8）：81－87.

［37］李建琴．农村环境治理中的体制创新——以浙江省长兴县为例［J］．中国农村经济，2006（9）：63－71.

［38］李曼，陆迁，乔丹．技术认知、政府支持与农户节水灌溉技术采用——基于张掖甘州区的调查研究［J］．干旱区资源与环境，2017，31（12）：27－32.

［39］李鹏，张俊飚，颜廷武．农业废弃物循环利用参与主体的合作博弈及协同创新绩效研究——基于DEA－HR模型的16省份农业废弃物基质化数据验证［J］．管理世界，2014（1）：90－104.

［40］李全鹏．中国农村生活垃圾问题的生成机制与治理研究［J］．中国农业大学学报（社会科学版），2017（2）：14－23.

［41］李文兵，张宏梅．古村落游客感知价值概念模型与实证研究——以张谷英村为例［J］．旅游科学，2010（2）：55－63.

［42］李異平，曾曼薇．城市垃圾分类与居民地方认同研究［J］．中国环境管理，2019，11（5）：107－114＋31.

［43］李颖明，宋建新，黄宝荣，等．农村环境自主治理模式的研究路径分析［J］．中国人口·资源与环境，2011（1）：165－170.

［44］李玉敏，白军飞，王金霞，等．农村居民生活固体垃圾排放及影响因素［J］．中国人口·资源与环境，2012（10）：63－68.

［45］廖茂林．社区融合对北京市居民生活垃圾分类行为的影响机制研究［J］．中国人口·资源与环境，2020，30（5）：118－126.

［46］林星，吴春梅．政府支持对农民合作社规范化的影响［J］．学习与实践，2018（11）：114－121.

［47］刘刚，拱晓波．顾客感知价值构成型测量模型的构建［J］．统计与决策，2007（22）：131－133.

［48］刘强，马光选．基层民主治理单元的下沉——从农户自治到小社区自治［J］．华中师范大学学报（人文社会科学版），2017（1）：31－38.

［49］刘庆强，何继新，侯光辉．农民感知价值与农村新民居满意度：农户特征的调节效应［J］．城市发展研究，2013（3）：96－101.

［50］刘胜林，王雨林，卢冲，等．感知价值理论视角下农户政策性生猪保险支付意愿研究——以四川省三县调查数据的结构方程模型分析为例［J］．华中农业大学学报（社会科学版），2015（3）：21－27.

［51］刘西川，陈立辉，杨奇明．村级发展互助资金：目标、治理要点及政府支持［J］．农业经济问题，2015（10）：20－27，110.

［52］刘晓峰．社会资本对中国环境治理绩效影响的实证分析［J］．中国人口·资源与环境，2011（3）：20－24.

［53］刘莹，黄季焜．农村环境可持续发展的实证分析：以农户有机垃圾还田为例［J］．农业技术经济，2013（7）：4－10.

［54］刘莹，王凤．农户生活垃圾处置方式的实证分析［J］．中国农村经济，2012（3）：88－96.

［55］龙云，任力．农地流转对农业面源污染的影响——基于农户行为视角［J］．经济学家，2016（8）：81－87.

［56］马蓝，安立仁．合作动机对企业合作创新绩效的影响机制研究：感知政府支持情境的调节中介作用［J］．预测，2016，35（3）：13－18.

［57］毛刚，朱莲．三重偏好结构下的理性人广义效用假说［J］．统计与决策，2006，18：16－18.

［58］孟小燕．基于结构方程的居民生活垃圾分类行为研究［J］．资源科学，2019，41（6）：1111－1119.

［59］闵师，王晓兵，侯玲玲，等．农户参与人居环境整治的影响因素——基于西南山区的调查数据［J］．中国农村观察，2019（4）：94－110.

［60］裴厦，谢高地，章予舒．农地流转中的农民意愿和政府角色：以重庆市江北区统筹城乡改革和发展试验区为例［J］．中国人口·资源与环境，2011，21（6）：55－60.

［61］祁毓，卢洪友，吕翅怡.社会资本、制度环境与环境治理绩效——来自中国地级及以上城市的经验证据［J］.中国人口·资源与环境，2015（12）：45－52.

［62］钱坤.从激励性到强制性：城市社区垃圾分类的实践模式、逻辑转换与实现路径［J］.华东理工大学学报（社会科学版），2019，34（5）：83－91.

［63］阮荣平，郑风田，刘力.宗教信仰、宗教参与与主观福利：信教会幸福吗？［J］.中国农村观察，2011（2）：74－86.

［64］尚虎平，刘红梅.城市社区垃圾分类的绩效及其影响因素测评——一个全面绩效管理视角下的非干涉研究［J］.甘肃行政学院学报，2020（2）：34－45＋125.

［65］沈费伟，刘祖云.农村环境善治的逻辑重塑——基于利益相关者理论的分析［J］.中国人口·资源与环境，2016（5）：32－38.

［66］施雯，宋德群，周艳波.农户福利研究述评［J］.农业经济，2015（9）：113－114.

［67］苏岚岚，何学松，孔荣.金融知识对农民农地流转行为的影响——基于农地确权颁证调节效应的分析［J］.中国农村经济，2018（8）：17－31.

［68］孙洁，姚娟，陈理军.游客花卉旅游感知价值与游客满意度、忠诚度关系研究——以新疆霍城县薰衣草旅游为例［J］.干旱区资源与环境，2014（12）：203－208.

［69］孙旭友."互联网＋"垃圾分类的乡村实践——浙江省 X 镇个案研究［J］.南京工业大学学报（社会科学版），2020，19（2）：37－44＋111.

［70］唐林，罗小锋，张俊飚.社会监督、群体认同与农户生活垃圾集中处理行为——基于面子观念的中介和调节作用［J］.中国农村观察，2019（2）：18－33.

［71］铁翠香.网络口碑效应实证研究——基于信任和感知价值的中介作用［J］.情报科学，2015（8）：72－78.

［72］王慧玲，孔荣.正规借贷促进农村居民家庭消费了吗？——基于PSM 方法的实证分析［J］.中国农村经济，2019（8）：72－90.

［73］王爱琴，高秋风，史耀疆，等．农村生活垃圾管理服务现状及相关因素研究——基于 5 省 101 个村的实证分析［J］．农业经济问题，2016（4）：30 – 38 + 111.

［74］王锋，胡象明，刘鹏．焦虑情绪、风险认知与邻避冲突的实证研究——以北京垃圾填埋场为例［J］．北京理工大学学报（社会科学版），2014（6）：61 – 67.

［75］王建明．资源节约意识对资源节约行为的影响——中国文化背景下一个交互效应和调节效应模型［J］．管理世界，2013（8）：77 – 90 + 100.

［76］王金霞，李玉敏，黄开兴，等．农村生活固体垃圾的处理现状及影响因素［J］．中国人口·资源与环境，2011（6）：74 – 78.

［77］王莉，张宏梅，陆林，等．湿地公园游客感知价值研究——以西溪/溱湖为例［J］．旅游学刊，2014，29（6）：87 – 96.

［78］王瑞梅，张旭吟，张希玲，等．农户固体废弃物排放行为影响因素研究——基于山东省农户调查的实证［J］．中国农业大学学报（社会科学版），2015（1）：90 – 98.

［79］王树文，文学娜，秦龙．中国城市生活垃圾公众参与管理与政府管制互动模型构建［J］．中国人口·资源与环境，2014（4）：142 – 148.

［80］王晓楠．阶层认同、环境价值观对垃圾分类行为的影响机制［J］．北京理工大学学报（社会科学版），2019，21（3）：57 – 66.

［81］王学婷，张俊飚，何可，等．农村居民生活垃圾合作治理参与行为研究：基于心理感知和环境干预的分析［J］．长江流域资源与环境，2019，28（2）：459 – 468.

［82］韦佳培，张俊飚，吴洋滨．农民对农业生产废弃物的价值感知及其影响因素分析——以食用菌栽培废料为例［J］．中国农村观察，2011（4）：77 – 85.

［83］魏佳容．城乡一体化导向的生活垃圾统筹治理研究［J］．中国人口·资源与环境，2015（4）：171 – 176.

［84］温兴祥，郑凯．户籍身份转换如何影响农村移民的主观福利——基

于 CLDS 微观数据的实证研究［J］. 财经研究，2019，45（5）：58 – 71.

［85］温忠麟，叶宝娟. 有调节的中介模型检验方法：竞争还是替补？
［J］. 心理学报，2014，46（5）：714 – 726.

［86］谢忠秋. Cov – AHP：层次分析法的一种改进［J］. 数量经济技术
经济研究，2015，32（8）：137 – 148.

［87］徐林，凌卯亮，卢昱杰. 城市居民垃圾分类的影响因素研究［J］.
公共管理学报，2017（1）：142 – 153 + 160.

［88］徐旭初. 农民合作社发展中政府行为逻辑：基于赋权理论视角的讨
论［J］. 农业经济问题，2014，35（1）：19 – 29 + 110.

［89］许增巍，姚顺波，苗珊珊. 意愿与行为的悖离：农村生活垃圾集中
处理农户支付意愿与支付行为影响因素研究［J］. 干旱区资源与环境，2016
（2）：1 – 6.

［90］许增巍，姚顺波. 社会转型期的乡村公共空间与集体行动——来自
河南荥阳农村生活垃圾集中处理农户合作参与行为的考察［J］. 理论与改革，
2016（3）：45 – 49.

［91］薛立强，范文宇. 城市生活垃圾管理中的公共管理问题：国内研究
述评及展望［J］. 公共行政评论，2017（1）：172 – 196 + 209 – 210.

［92］颜廷武，何可，崔蜜蜜，等. 农民对作物秸秆资源化利用的福利响
应分析——以湖北省为例［J］. 农业技术经济，2016（4）：28 – 40.

［93］颜廷武，何可，张俊飚. 社会资本对农民环保投资意愿的影响分
析——来自湖北农村农业废弃物资源化的实证研究［J］. 中国人口·资源与
环境，2016（1）：158 – 164.

［94］杨春学. 利他主义经济学的追求［J］. 经济研究，2001（4）：82 – 90.

［95］杨辉，梁云芳. 组织支持感受与心理契约［J］. 管理科学文摘，
2006（2）：45 – 46.

［96］杨金龙. 农村生活垃圾治理的影响因素分析——基于全国 90 村的
调查数据［J］. 江西社会科学，2013（6）：67 – 71.

［97］杨志海. 生产环节外包改善了农户福利吗？——来自长江流域水稻

种植农户的证据［J］．中国农村经济，2019（4）：73－91.

［98］叶航，肖文．广义效用假说［J］．浙江大学学报（人文社会科学版），2002（2）：140－143.

［99］叶岚，陈奇星．城市生活垃圾处理的政策分析与路径选择——以上海实践为例［J］．上海行政学院学报，2017（2）：69－77.

［100］于克信，胡勇强，宋哲．环境规制、政府支持与绿色技术创新——基于资源型企业的实证研究［J］．云南财经大学学报，2019，35（4）：100－112.

［101］余晖．政府与企业：从宏观管理到微观管制［M］．福州：福建人民出版社，1997.

［102］张建，冯淑怡，诸培新．政府干预农地流转市场会加剧农村内部收入差距吗？——基于江苏省四个县的调研［J］．公共管理学报，2017（1）：104－116，158－159.

［103］张莉萍．城市垃圾治理中的公众参与研究［M］．北京：科学出版社，2020.

［104］张农科．关于中国垃圾分类模式的反思与再造［J］．城市问题，2017（5）：4－8.

［105］张瑞金，李国鑫，王茹．移动数据业务手机用户感知价值结构模型研究［J］．中国软科学，2014（8）：138－149.

［106］张旭吟，王瑞梅，吴天真．农户固体废弃物随意排放行为的影响因素分析［J］．农村经济，2014（10）：95－99.

［107］张志坚，王学渊，赵连阁．社会资本对生活垃圾减量的影响及其作用机制［J］．商业经济与管理，2019（2）：85－97.

［108］肇丹丹．线上互动、感知价值与渠道转换意愿的关系研究［J］．统计与决策，2015（11）：111－114.

［109］郑称德，刘秀，杨雪．感知价值和个人特质对用户移动购物采纳意图的影响研究［J］．管理学报，2012（10）：1524－1530.

［110］郑淋议，杨芳，洪名勇．农户生活垃圾治理的支付意愿及其影响

因素研究——来自中国三省的实证 ［J］. 干旱区资源与环境, 2019, 33 (5)：14 - 18.

［111］郑晓冬, 方向明. 社会养老保险与农村老年人主观福利 ［J］. 财经研究, 2018, 44 (9)：80 - 94.

［112］郑云辰, 葛颜祥, 接玉梅, 等. 流域多元化生态补偿分析框架：补偿主体视角 ［J］. 中国人口·资源与环境, 2019, 29 (7)：131 - 139.

［113］Ajzen I. The theory of planned behavior ［J］. *Organizational Decision and Human Decision Process*, 1991, 4 (50)：179 - 211.

［114］Anderson C, Schirmer J. Empirical Investigation of Social Capital and Networks at Local Scale through Resistance to Lower - Carbon lnfrastructure ［J］. *Society and Natural Resources*, 2015, 28 (7)：749 - 765.

［115］Ankinée K. One Without the Other? Behavioural and Incentive Policies for Household Waste Management ［J］. *Environmental Economics and Sustainability*, 2017：143 - 171.

［116］Anni H. Income effects and the inconvenience of private provision of public goods for bads：The case of recycling in Finland ［J］. *Ecological Economics*, 2010, 69 (8)：1675 - 1681.

［117］Armeli S, Eisenberger R, Fasolo P. Perceived organizational support and police performance：The moderating influence of socioemotional needs ［J］. *Journal of Applied Psychology*, 1998, 83 (2)：288 - 297.

［118］Aryee S, Chay YW. Workplace Justice, Citizenship Behavior, and Turnover Intentions in a Union Context：Examining the Mediating Role of Perceived Union Support and Union Instrumentality ［J］. *Journal of Applied Psychology*, 2001, 86 (1)：154 - 160.

［119］Astrid L, Pierre V, Ajzen I, Schmidt P. Using the theory of planned behavior to identify key beliefs underlying pro - environmental behavior in high - school students：Implications for educational interventions ［J］. *Journal of Environmental Psychology*, 2015, 41：128 - 138.

[120] Aurelio S, Daria M. Measuring the perceived value of rural tourism: a field survey in the western Sicilian agritourism sector [J]. *Quality & Quantity*, 2017, 51 (2): 745 – 763.

[121] Ava H, Mahdi K, Narges B, et al. Youth and sustainable waste management: A SEM approach and extended theory of planned behavior [J]. *Journal of Material Cycles and Waste Management*, 2018, 20 (4): 2041 – 2053.

[122] Beatrice A, Jussi K. The Perceived Role of Financial Incentives in Promoting Waste Recycling—Empirical Evidence from Finland [J]. *Recycling*, 2019, 4 (1): 4.

[123] Botschen, Thelen EM, Pieters R. Using means – end structures for benefit segmentation: An application to services [J]. *European Journal of Marketing*, 1999, 33 (12): 38 – 58.

[124] Brekke, Kjell A, Kverndokk, et al. An economic model of moral motivation [J]. *Journal of Public Economics*, 2003, 87 (9): 1967 – 1983.

[125] Bronfman NC, Cisternas PC, Lopez – Vazquez E, et al. Understanding attitudes and pro – environmental behaviors in a Chilean community [J]. *Sustainalbility*, 2015, 7 (10): 14133 – 14152.

[126] Carmi N, Arnon S, Orion N. Seeing the forest as well as the trees: general vs. specific predictors of environmental behavior [J]. *Environ Educ Res*, 2015, 21 (7): 1011 – 1028.

[127] Chase, Nancy L, Dominick, et al. "This Is Public Health: Recycling Counts!" Description of a Pilot Health Communications Campaign [J]. *International Journal of Environmental Research and Public Health*, 2009, 6 (12): 2980 – 2991.

[128] Cheng QL, Wang JJ, Li GY. A Research Framework of Green Consumption Behavior Based on Value – Belief – Norm Theory [J]. *Advanced Materials Research*, 2014, 962: 1485 – 1489.

[129] Corral – Verdugo V, Armendariz LI. The "new environmental paradigma" in a Mexican community [J]. *Environ Educ*, 2000 (31): 25 – 31.

［130］ Craik KH. Environmental Psychology ［J］. *Annual Review of Psychology*, 1973, 24 (1): 403.

［131］ David H, Petr M, Javier FM. The influence of cultural identity on the WTP to protect natural resources: Some empirical evidence ［J］. *Ecological Economics*, 2009, 68 (8): 2372 – 2381.

［132］ Doan N, Anders BP, Sinne S, et al. Consumers in a Circular Economy: Economic Analysis of Household Waste Sorting Behaviour ［J］. *Ecological Economics*, 2019, 166: 12 – 25.

［133］ Dodds WB, Monroe KB. The effect of brand and price information on subjective productive product evaluation ［J］. *Advances in Consumer Research*, 1985, 12 (1): 85 – 90.

［134］ Domina, Tanya, Koch, Kathry. Convenience and Frequency of Recycling: Implications for Including Textiles in Curbside Recycling Programs ［J］. *Environmental Psychology and Nonverbal Behavior*, 2002, 34 (2): 216 – 238.

［135］ Dunlap RE. Measuring Endorsement of the New Ecological Paradigm: A Revised NEP Scale – Statistical Data Included ［J］. *The Journal of Social Issues*, 2000, 56 (3): 425 – 442.

［136］ Eisenberger R, Huntington R, Hutchison S, et al. Perceived organizational support ［J］. *Journal of Applied Psychology*, 1986, 71: 500 – 507.

［137］ Eisenberger RUD, Cummings J, Armeli S, et al. Perceived Organizational Support, Discretionary Treatment, and Job Satisfaction ［J］. *Journal of Applied Psychology*, 1997, 82 (5): 812 – 820.

［138］ Flint D J. Exploring the Phenomenon of Customers' Desired Value Change in a Business – to – Business Context ［J］. *Journal of Marketing*, 2002, 66 (4): 102.

［139］ Ford R M, Williams, K J H, Bishop I D, et al. Value basis for the social acceptability of clear felling in Tasmania, Australia ［J］. *Landscape and Urban Planning*, 2009, 90 (4): 196 – 206.

［140］Geneviève J, Denis C. The Moderating Influence of Perceived Organiza-
tional Values on the Burnout – Absenteeism Relationship ［J］. *Business and Psy-
chology*, 2015, 30 (1): 177 – 191.

［141］Gengler CE, Daniel J. Howard, et al. A personal construct analysis of
adaptive selling and sales experience ［J］. *Psychology and Marketing*, 1995, 12
(4): 287 – 304.

［142］Groot JIM, Steg L. Relationships between value orientations, self – de-
termined motivational types and pro – environmental behavioural intentions ［J］.
Journal of Environmental Psychology, 2010, 30 (4): 368 – 378.

［143］Hanna V, Backhouse CJ, Burns ND. Linking employee behaviour to ex-
ternal customer satisfaction using quality function deployment ［J］. *Proceedings of
the Institution of Mechanical Engineers. Part B: Engineering Manufacture*, 2004,
218 (9): 1167 – 1177.

［144］Heath Y, Gifford R. Extending the theory of planned behavior: predic-
ting the use of public transportation ［J］. *Appl Soc Psychol*, 2006 (32): 54 – 89.

［145］Holbrook MB, Hirschman EC. The experiential aspects of consump-
tion: consumer fantasies, feelings, and fun ［J］. *Journal of Consumer Research*,
1982, 9 (2): 132 – 140.

［146］Hong TTH, Hong RJ, Lee CH, et al. Determinants of Residents' E –
Waste Recycling Behavioral Intention: A Case Study from Vietnam ［J］. *Sustain-
ability*, 2019, 11 (1): 164.

［147］Hopper JR, Nielsen JM. Recycling as Altruistic Behavior: Normative
and Behavioral Strategies to Expand Participation in a Community Recycling Program
［J］. *Environmental Psychology and Nonverbal Behavior*, 1991, 23 (2): 195 – 220.

［148］Iosif B, Andora FD, Chrisovaladis M. Extending the Theory of Planned
Behavior in the context of recycling: The role of moral norms and of demographic
predictors ［J］. *Resources, Conservation and Recycling*, 2015, 95: 58 – 67.

［149］Iyer ES, Kashyap RK. Consumer recycling: role of incentives, information, and social class [J]. *Consum Behav*, 2007, 6: 32 – 47.

[150] Jagdish N. Sheth BI. Newman BL. Gross. Why we buy what we buy: A theory of consumption values [J]. *Journal of Business Research*, 1991, 22 (2) 159 – 170.

[151] Jakob L, Amosiah O, Dyllis O, et al. Corrigendum to "The generation of stakeholder's knowledge for solid waste management planning through action research: A case study from Busia, Uganda" [J]. *Habitat International*, 2015, 50: 99 – 109.

[152] Janine FM, Luis DRJ, Marcelo NC. Influence of perceived value on purchasing decisions of green products in Brazil [J]. *Journal of Cleaner Production*, 2016, 110: 158 – 169.

[153] Jialing L, Antonio L, Civilai L. The role of benefits and transparency in shaping consumers' green perceived value, self – brand connection and brand loyalty [J]. *Retailing and Consumer Services*, 2017, 35: 133 – 141.

[154] Jillian C. Sweeney, Geoffrey N. Soutarb. Consumer perceived value: The development of a multiple item scale [J]. *Journal of Retailing*, 2001, 77 (2): 203 – 220.

[155] Kaiser FG, Hubner G, Bogner FX. Contrasting the theory of planned behavior with the value – belief – norm model in Explaining Conservation Behavior [J]. *Journal of Applied Social Psychology*, 2005, 35 (10): 2150 – 2170.

[156] He K, Zhang JB, Zeng YM, et al. Households' Willingness to Accept Compensation for Agriculture Waste Recycling: Taking Biogas Production from Livestock Manure Waste in Hubei, P. R. China as an Example [J]. *Journal of Cleaner Production*, 2016, 131: 410 – 420.

[157] Kiattipoom K, Heesup H. Young travelers' intention to behave pro – environmentally: Merging the value – belief – norm theory and the expectancy theory [J]. *Tourism Management*, 2015: 164 – 177.

[158] Kim C, Morris H. Thinking About Values in Prospect and Retrospect:

Maximizing Experienced Utility [J]. *Marketing Letters*, 1997, 8 (3): 323 –334.

[159] Kirstin H, Anita Z. How do Perceived Benefits and Costs Predict Volunteers' Satisfaction? [J]. *VOLUNTAS*, 2016, 27 (2): 746 –767.

[160] Knussen C, Yule F, MacKenzie J, et al. An analysis of intentions to recycle household waste: The roles of past behaviour, perceived habit, and perceived lack of facilities (Article) [J]. *Journal of Environmental Psychology*, 2004, 24 (2): 237 –246.

[161] Kurosh RM, Nasim V, Abdolazim A. Adoption of pro – environmental behaviors among farmers: application of Value – Belief – Norm theory [J]. *Chemical and Biological Technologies in Agriculture*, 2020, 7 (1): 1 –15.

[162] Lanzini P, Thøgersen J. Behavioural spillover in the environmental domain: An intervention study [J]. *Journal of Environmental Psychology*, 2014, 40: 381 –390.

[163] Lee M, Choi H, Koo Y. Inconvenience cost of waste disposal behavior in South Korea [J]. *Ecological Economics*, 2017, 140: 58 –65.

[164] Lim H, Widdows R, Park J. M – loyalty: Winning strategies for mobile carriers [J]. *Journal of Consumer Marketing*, 2006, 23 (4): 208 –218.

[165] María CAL, José M, Antonia CS, et al. Comparative Study Between the Theory of Planned Behavior and the Value – Belief – Norm Model Regarding the Environment, on Spanish Housewives' Recycling Behavior [J]. *Journal of Applied Social Psychology*, 2012, 42 (11): 2797 –2833.

[166] Maria J, Johan R, Mats G. Landowners' Participation in Biodiversity Conservation Examined through the Value – Belief – Norm Theory [J]. *Landscape Research*, 2013, 8 (3): 295 –311.

[167] McMillin R. Customer satisfaction and organizational support for service providers [M]. University of Florida, 1997.

[168] Mohammad SHS, Sayed I, Xiyuan Li. Contextual variations in perceived social values of ecosystem services of urban parks: A comparative study of China and Australia [J]. *Cities*, 2017: 14 –26.

[169] Mostafa RL, Norziani D, Mastura J. Tourists' Perceived Value and Satisfaction in a Community – Based Homestay in the Lenggong Valley World Heritage Site [J]. *Hospitality and Tourism Management*, 2016, 26: 72 –81.

[170] Natalia LM, Mercedes S. Theory of Planned Behavior and the Value – Belief – Norm Theory explaining willingness to pay for a suburban park [J]. *Journal of Environmental Management*, 2012, 13: 251 –262.

[171] Newman A, Thanacoody R, Hui W. The effects of perceived organizational support, perceived supervisor support and intra – organizational network resources on turnover intentions: A study of Chinese employees in multinational enterprises [J]. *Personnel Review*, 2012, 41 (1): 56 –72.

[172] Nora H, Heikki K. Environmental values and customer – perceived value in industrial supplier relationships [J]. *Cleaner Production*, 2017, 156: 604 –613.

[173] Oskamp S. Applying social psychology to avoid ecological disaster [J]. *Journal of Social Issues*, 1995, 51 (4): 217 –239.

[174] Ostrom E. Governing the Commons: The Evolution of Institutions for Collective Action [M]. Cambridge, 1990.

[175] Palatnik R, Ayalon O, Shechter M. Household demand for waste recycling services [J]. *Environmental Management*, 2005, 35 (2): 121 –129.

[176] Parasuraman A, Grewal D. The Impact of Technology on the Quality – Value – Loyalty Chain: A Research Agenda [J]. *Journal of the Academy of Marketing Science*, 2000, 28 (1): 168 –174.

[177] Payam A, Björn F, Nils CH, et al. Statistical Analysis of Consumer Perceived Value Deviation [J]. *Procedia CIRP*, 2016, 51: 1 –6.

[178] Petrick JF. Development of a multi – dimensional scale for measuring the perceived value of a service [J]. *Journal of Leisure Research*, 2002, 34 (2): 119.

[179] Pieters RGM, Verhallen TMM. Participation in source separation projects: Design characteristics and perceived costs and benefits [J]. *Resources and*

Conservation, 1986, 12 (2): 95 – 111.

[180] Pieters RGM. Perceived costs and benefits of buying and using a subsidized compost container [J]. *Resources and Conservation*, 1987, 14: 139 – 154.

[181] Piyapong J, Chaweewan D. Evaluating determinants of rural Villagers' engagement in conservation and waste management behaviors based on integrated conceptual framework of Pro – environmental behavior [J]. *Life Sciences*, *Society and Policy*, 2016, 12 (1): 1 – 20.

[182] Prasenjit S, Sarmila B, Somdutta B. Willingness to pay before and after program implementation: The case of Municipal Solid Waste Management in Bally Municipality, India [J]. *Environment*, *Development and Sustainability*, 2016, 18 (2): 481 – 498.

[183] Pretty W. Social Capital and the Environment [J]. *World Development*, 2001, 29 (2): 209 – 227.

[184] Woodruff RB. Marketing in the 21st century customer value: The next source for competitive advantage [J]. *Journal of the Academy of Marketing Science*, 1997, 25 (3): 256.

[185] Sanchez M, Lopez MN, Lera LF. Improving Pro – environmental Behaviours in Spain. The Role of Attitudes and Socio – demographic and Political Factors [J]. *Journal of Environmental Policy & Planning*, 2016, 18 (1): 47 – 66.

[186] Saphores JD, Ogunseitan O, Shapiro A. Willingness to engage in a pro – environmental behavior: An analysis of e – waste recycling based on a national survey of U. S. households [J]. *Resources*, *Conservation & Recycling*, 2012, 60: 49 – 63.

[187] Sauer U, Fischer A. Willingness to pay, attitudes and fundamental values on the cognitive context of public preferences for diversity in agricultural landscapes [J]. *Ecological Economics*, 2010, 70 (1): 1 – 9.

[188] Schwepker CH, Cornwell TB. An Examination of Ecologically Concerned Consumers and Their Intention to Purchase Ecologically Packaged Products: JPP&M JM & PP [J]. *Journal of Public Policy and Marketing*, 1991, 10

(2): 77.

[189] Shalom H. Schwartz. Universals in the Content and Structure of Values: Theoretical Advances and Empirical Tests in 20 Countries [J]. *Advances in Experimental Social Psychology*, 1992, 12: 1 – 65.

[190] Shaufique F, Sidique, Joshi S, et al. Factors influencing the rate of recycling: An analysis of Minnesota counties [J]. *Resources, Conservation & Recycling*, 2010, 54 (4): 242 – 249.

[191] Sheth JN, Newmen BI, Gross BL. Why we buy what we buy: a theory of consumption values [J]. *Journal of Business Research*, 1991, 22 (2) : 159 – 170.

[192] Shore LM, Wayne SJ. Commitment and employee behavior: Comparison of affective commitment and continuance commitment with perceived organizational support [J]. *Journal of Applied Psychology*, 1993, 78 (5): 774 – 780.

[193] Siegwart L, Linda S. Normative, Gain and Hedonic Goal Frames Guiding Environmental Behavior [J]. *Journal of Social Issues*, 2007, 63 (1): 117 – 137.

[194] Sirdeshmukh D, Singh J, Sabol B. Consumer trust, value, and loyalty in relational exchanges [J]. *Journal of Marketing*, 2002, 66 (1) : 15 – 37.

[195] Spash C, Urama K, Burton R, Kenyon W, et al. Motives behind willingness to pay for improving biodiversity in a water ecosystem: Economics, ethics and social psychology [J]. *Ecological Economics*, 2009, 68 (4): 955 – 964.

[196] Stamper CL, Dyne LV. Work status and organizational citizenship behavior: a field study of restaurant employees [J]. *Journal of Organizational Behavior*, 2001, 22 (5): 517 – 536.

[197] Steg L, Vlek C. Encouraging pro – environmental behaviour: An integrative review and research agenda [J]. *Environ Psychol*, 2009, 29: 309 – 317.

[198] Stern PC. Toward a coherent theory of environmental significant behavior [J]. *Journal of Social Issues*, 2000, 56 (3): 407 – 424.

[199] Stern PC. New Environmental Theories: Toward a Coherent Theory of Environmentally Significant Behavior [J]. *Social Issues*, 2002, 56 (3): 407 – 424.

[200] Susanne M, Susanne B. Values, beliefs and norms that foster Chilean and German pupils' commitment to protect biodiversity [J]. *International Journal of Environmental and Science Education*, 2010, 5 (1): 31 – 49.

[201] Testa F, Cosic A, Iraldo F. Determining factors of curtailment and purchasing energy related behaviours [J]. *Journal of Cleaner Production*, 2016, 112: 3810 – 3819.

[202] Thae MLJK. Contextual perceived value? Investigating the role of contextual marketing for customer relationship management in a mobile commerce context [J]. *Business Process Management Journal*, 2007, 13 (6): 798 – 814.

[203] Thøgersen, J., & Noblet, C. Does green consumerism increase the acceptance of wind power? [J]. *Energy Policy*, 2012, 51, 854 – 862.

[204] Torgler B, Garcia M. The determinants of individuals' attitudes towards preventing environmental damage [J]. *Ecological Economics*, 2007, 63 (2): 536 – 552.

[205] Truelove HB, Yeung KL, Carrico AR, et al. From plastic bottle recycling to policy support: An experimental test of pro – environmental spillover [J]. *Journal of Environmental Psychology*, 2016, 46: 55 – 66.

[206] Vlek C. Essential psychology for environmental policy making [J]. *International Journal of Psychology*, 2000, 35 (2): 153 – 167.

[207] Wan C, Shen G, Yu QP, et al. The role of perceived effectiveness of policy measures in predicting recycling behaviour in Hong Kong [J]. *Resources, Conservation and Recycling*, 2014, 83: 141 – 151.

[208] Wan C, Sheng QP, Yu A. Key determinants of willingness to support policy measures on recycling: A case study in Hong Kong [J]. *Environmental Science & Policy*, 2015, 54: 409 – 418.

[209] Wan C, Shen G, Choi S. An indirect pro – environmental behavior: public support for waste management policy [J]. *Waste Management*, 2017, 69: 1 – 2.

[210] Wan C, Shen GQP, Choi S. Differential public support for waste management policy: the case of Hong Kong [J]. *Journal of cleaner production*, 2018, 75: 477 −488.

[211] Wang SY, Wang JP, Zhao SL, et al. Information publicity and resident's waste separation behavior: An empirical study based on the norm activation model [J]. *Waste Management*, 2019, 87: 33 −34.

[212] Wang HL, Ma Y, Yang SX, et al. The Spillover Influence of Household Waste Sorting on Green Consumption Behavior by Mediation of Environmental Concern: Evidence from Rural China [J]. *International Journal of Environmental Research and Public Health*, 2020, 12 (17): 9110 −9125.

[213] Wayne SJ, Liden RC. Perceived Organizational Support and Leader − Member Exchange: A Social Exchange Perspective [J]. *Academy of Management Journal*, 1997, 40 (1): 82 −111.

[214] Whitmarsh L, O'Neill S. Green identity, green living? The role of pro − environmental self − identity in determining consistency across diverse pro − environmental behaviours [J]. *Journal of Environmental Psychology*, 2010, 30 (3): 305 − 314.

[215] Widegren O. The New Environmental Paradigm and Personal Norms [J]. *Environmental Psychology and Nonverbal Behavior*, 1998, 30 (1): 75 −100.

[216] Wood CM, Scheer LK. Incorporating Perceived Risk into Models of Consumer Deal Assessment and Purchase Intent [J]. *Advances in Consumer Research*, 1996, 23 (1): 399 −404.

[217] Woodruff RB, Schumann, David W, et al. Understanding value and satisfaction from the customer's point of view [J]. *Survey of Business*, 1993, 29 (1): 33.

[218] Xu L, Zhang XL, Ling ML. Pro − environmental spillover under environmental appeals and monetary incentives: Evidence from an intervention study on household waste separation [J]. *Environ Psychol*, 2018, 60: 27 −33.

［219］Yang Z, Peterson RT. Customer perceived value, satisfaction, and loyalty the role of switching costs ［J］. *Psychology & Marketing*, 2004, 21 (10): 799 – 822.

［220］Yuan YL, Yabe M. Residents' Willingness to Pay for Household Kitchen Waste Separation Services in Haidian and Dongcheng Districts, Beijing City ［J］. *Environments*, 2014, 1 (2): 190 – 207.

［221］Young HM, Letha L, Gail PC, et al. Operationalizing the theory of planned behavior ［J］. *Research in Nursing and Health*, 1991, 14 (2): 137 – 144.

［222］Zeithaml VA. Consumer perceptions of price, quality and value: A means – end model and synthesis of evidence ［J］. *Journal of Marketing*, 1988, 52 (3): 2 – 22.

［223］Zhang DL, Huang GQ, Yin XL, et al. Residents' Waste Separation Behaviors at the Source: Using SEM with the Theory of Planned Behavior in Guangzhou, China ［J］. *International journal of environmental research and public health*, 2015, 12 (8): 9475 – 9491.